SOLIDWORKSでできる設計者CAE

3DCAD+CAEで設計力を養え

水野 操 著
MISAO MIZUNO

日刊工業新聞社

はじめに

 筆者が、2012年に「SOLIDWORKSでできる設計者CAE」(日刊工業新聞社)を著してから、早くも4年が過ぎました。この4年の間の、3D CADやCAEを取り巻く環境は大きく変わり、Makersブームや3Dプリンターブームによって、プロの技術者はもとより、ホビーユースでの3D CADや3D CGの活用も珍しくないものになってきました。さらに、CADもローカルのPCにインストールして使用するものが主流であることに変わりはありませんが、クラウドベースで使うものも出てきています。それらクラウドベースの安価な3D CADの中には、基本的なCAEの機能を備えているものすらあります。

 その一方で、CAEが3D CADを使う設計者に広く受け入れられているのか、ということを考えると、まだそこまでは行っていないように思います。3D CADの場合には、その操作方法さえきちんと覚えれば、その道の専門家でなくても形を作ることができますし、実際にそれらを3Dプリンターなどで出力することも容易にできます。ところが、CAEの場合には、材料力学などをはじめとした機械工学の知識を最低限知っておかないと、解析を行ってもそれを解釈して設計にフィードバックすることができないというハードルが存在します。

 しかし近年、CADと連携したCAEのソフトの使い勝手自体は良くなっていますし、パソコンの性能も上がっています。解析の規模が比較的小さければ、設計で使用するパソコンでも充分に実用的な解析ができるようになっていることから、使わないのは宝の持ち腐れではないでしょうか。

 前著では、静解析にとどまらず、固有値解析や熱応力解析などSOLIDWORKSが備えている様々な解析機能を紹介し、「こんなパーツの、こんな問題を解くには、この機能が使えますよ」というヒントを提示することを目的としていました。おかげさまで、版を重ねることもできたのですが、その一方で、「では解析でこのような問題が見つかった時には、どのように改善すればよいのか」という声にはお応えしきれていませんでした。

さらに、実のところ動解析や熱伝導熱応力連成解析機能を知ることもよいが、もっと基本的な応力解析にフォーカスして、設計の改善につながる流れを知りたいという声もお聞きしました。設計者CAEとはいっても、すべてが小さな変形で済むわけではありませんし、アセンブリの場合には、複数パーツの接触解析を扱う必要があります。

　そこで今回は、静的な応力解析のみにフォーカスする代わりに、応力の発生する2つの要因である荷重と強制変位に対して、それぞれどのような対応策があるのか、ということを材料力学や有限要素法の基本的な知識とリンクさせて紹介していくことにしました。また、実際の問題では大きな変形や、パーツとパーツの間の接触を考慮する必要があることから、大変形解析や接触解析についても触れています。

　比較的薄いこの本では、到底設計にまつわる様々な問題についてご紹介できたとは言えません。しかし、ほとんどの問題は機械的な荷重と強制変位を原因として発生する応力に対してどのように対処するのか、ということに関係するのではないでしょうか。だとすれば、本書で提供している内容を把握していただければ、技術者の皆さんには応用していただけるのではないだろうか。そんな思いで本書を執筆いたしました。

　3D CADという道具ではどうしても形をつくることにフォーカスしてしまいがちです。もちろん、形を作るのがCADの役割ですから、当然かもしれませんが、製品設計となるとそれだけでは終わることはできません。きちんと機能して壊れないもの、でも軽くて使いやすいものを作らなければなりません。その機能を果たすのがまさに、CADと連携するCAEソフトだと言えます。

　本書は、CAEの本としては異色かもしれません。内容も比較的単純な荷重条件や強制変位に対する対応に論点を絞ったものになっています。しかし、解析結果をどのようにしてCADの形状に反映させれば良いのかという、これまでの書籍にあまりなかった視点からの内容になっており、ユニークなものに仕上がったと思います。これをきっかけに、是非CADとCAEをセットで考えてみてはいかがでしょうか？

　前著同様、3Doors株式会社の高橋和樹さんには、本書の執筆にあたり、設計者目線の本にするための数々の貴重なアドバイスをいただきました。

2016年11月吉日　筆者

はじめに 1

Chapter 1 基礎編
CAEで3次元設計をスキルアップするための基礎知識

1 なぜ、3D CADを導入したら設計力が落ちたといわれるのか？ 8
　● 3D CADとCAEは不可分なセット 9
　● CAEこそが実はコンピューター支援による設計？ 10
　● 3D CADでCAEをやるべき理由 11
　● 一口にCAEと言っても 13

2 設計検証に必要な構造解析の知識 14
　● 材料力学を振り返ろう 14
　● そもそも有限要素法って何だろう？ 15
　● SOLIDWORKSによるCAE（有限要素法による解析）の流れ 16
　　◆ 単品パーツの応力解析の場合 17
　　　1) 解析をするためのメッシュを作成 17
　　　2) 材料の物性値を入力 18
　　　3) 解析対象を拘束する 19
　　　4) 荷重または強制変位 21
　　◆ アセンブリの応力解析の場合 23
　　　5) 接触条件 23
　● 様々な拘束条件や荷重条件のつけかた 25
　　◆ 拘束条件について 26
　　◆ 分割した面に荷重をかける 30

3 解析結果の見方 32
　● 最初に変形図を確認しよう 32
　● 応力について確認しよう 33
　　◆ そもそも応力とは 33
　　◆ 歪みとは 34
　　◆ 応力と歪み 35
　● 主応力で何がわかるか 36
　● ミーゼス応力で何がわかるか 37
　　◆ 応力歪み曲線 40
　　　1) 延性材 40

　　　　2）脆性材 ……………………………………………………… 41
　　●コンター図とその扱い方 …………………………………………… 42
　　●曲げ応力について …………………………………………………… 45

4　ところでメッシュとはどんなものだろうか ……………………… 47
　　●メッシュの細かさと応力の関係 …………………………………… 47
　　●アダプティブの活用 ………………………………………………… 54
　　　　◆アダプティブh-法 …………………………………………… 54
　　　　◆アダプティブp-法 …………………………………………… 56

5　線形解析と非線形解析 ……………………………………………… 58
　　●大変形解析をするかしないか ……………………………………… 58
　　●材料非線形性について ……………………………………………… 61

6　ソリッド以外の要素も活用しよう ………………………………… 62
　　●2次元要素を活用しよう …………………………………………… 62
　　　　◆2次元要素とは何か …………………………………………… 62
　　　　◆平面応力要素 …………………………………………………… 62
　　　　◆平面歪み要素 …………………………………………………… 67
　　　　◆軸対称要素 ……………………………………………………… 68
　　●シェル要素の活用 …………………………………………………… 71
　　●梁（ビーム）要素とは ……………………………………………… 74
　　　　◆ソリッド要素での解析 ………………………………………… 75
　　　　◆梁要素での解析 ………………………………………………… 76

7　様々な応力軽減手段 ………………………………………………… 79
　　●ケース1：力には剛性で対抗　その1 …………………………… 79
　　　　◆解決策 …………………………………………………………… 81
　　●ケース2：力には剛性で対抗　その2 …………………………… 87
　　●ケース3：強制変位にはしなやかさで対抗　その1 …………… 92
　　　　◆強制変位で発生する問題への対応 …………………………… 92
　　　　◆断面係数を大きくしてみたら ………………………………… 94
　　　　◆断面係数を小さくしてみたら ………………………………… 95
　　●ケース4：強制変位にはしなやかさで対抗　その2 …………… 96
　　●ケース5：応力の流れを断ち切る ………………………………… 98
　　●ケース6：力には力で対抗　その1 ……………………………… 101
　　●ケース7：力には力で対抗　その2 ……………………………… 108

- ●ケース8：応力集中には形状で対抗 ……………………………………… 112
  - ◆ 鋭角や小さなRをなくそう　その1 ……………………………… 113
  - ◆ オリジナル形状での解析 ………………………………………… 114
  - ◆ 応力集中を避けるためにRを角につける ……………………… 115
  - ◆ さらにRを大きくしてみる ……………………………………… 116
  - ◆ 縁取りをつけてみる ……………………………………………… 117
  - ◆ 肉厚を増やす ……………………………………………………… 118
  - ◆ 鋭角や小さなRをなくそう　その2 ……………………………… 119
  - ◆ 当初のモデルの場合 ……………………………………………… 121
  - ◆ 断面の急変を避けよう …………………………………………… 123

Chapter 2 実践編　実例で学ぶ設計検証

8　架台のバランスを検証する …………………………………………… 126
- ◆ 解析のセットアップ ……………………………………………… 127

9　接触解析を活用して誤組対策を行う ………………………………… 132
- ◆「強制変位」に対する対応策と同様の対策を考える …………… 136

10　梁（ビーム）要素の活用 …………………………………………… 138
- ◆ 改善案 ……………………………………………………………… 142

11　解析でカシメ浮きを改善する ……………………………………… 145
- ◆ 改善案 ……………………………………………………………… 147

12　金型を抜く際の力について ………………………………………… 149
- ◆ 改善案 ……………………………………………………………… 157
- ◆ 改善案2 …………………………………………………………… 158

13　ダイスと焼き嵌め効果 ……………………………………………… 161
- ◆ 単純化して解析 …………………………………………………… 165

14　位置決めボスが筐体に与える影響の排除 ………………………… 166
- ◆ 解決例 ……………………………………………………………… 167

索引 ……………………………………………………………………………… 171

Chapter 1 基礎編

CAEで3次元設計をスキルアップするための基礎知識

1 なぜ、3D CADを導入したら設計力が落ちたといわれるのか？

　大手の製造業を中心に普及してきた3D CADも、2012年後半から始まった3Dプリンターブームも相まって、これまであまり3D CADの導入に積極的ではなかった中小企業にも急速に普及してきています。さらに最近は、加工の依頼に図面が求められないケースも増えていますし、設計業務において3D CADを使うことの後工程へのメリットが認識されてきていることも大きいでしょう。それどころか、今や導入しやすいクラウドベースの3D CADが普及してきたことで、モノづくりに興味のあるアマチュアまでが日常的に3D CADを使用するようになってきています。

　しかし、3D CADの導入に伴って、デメリットの声も聞かれることがあります。最近に限ったことではなく、以前から言われてきたことですが、「3D CADを使うようになってから設計力が落ちたように思う」とういうベテラン設計者からの声です。なぜ、そのようなことが言われるのでしょうか？

　理由は様々だと思いますが、3D CADでは、それなりに形ができてしまうので、一通りの形状ができ、アセンブリが組めたりすると、何か「できたつもり」になってしまうということが多分にあるかもしれません。言うまでもなく、モデリングができることと設計ができることはイコールではありません。

　2次元で図面を作る時、その図面は後工程の製造の人たちが作れる状態のもの、すなわち設計がきちんとなされたものが描かれているはずで、そこに至るまでには様々な検討がなされているはずです。そうでなければ、どんなに綺麗に描かれていてもそれは意味がありません。つまり、図面が作成される前に様々な検討がなされていて、その結果が図面であると言えるのではないでしょうか。

　ところが、3D CADの場合、いきなり形をつくりアセンブリを組み何となく検証ができれば、それでよしとしてしまっている場合も少なくないでしょう。一度モデリングした形をわざわざ簡略化して手計算で検証するのは面倒ですし、かといって解析専任者用のCAEでは使い方が難しいでしょう。本来、3D CADでモデリングをしたものをきちんと検証し、仕上げたものを3D CADの成果物とすれば、別に3D CADだから設計力が落ちるということにはならないでしょう。

　言い換えれば、設計の現場がまだ完全に3Dで行うプロセスになりきっていないということが言えるのかもしれません。

3D CADとCAEは不可分なセット

　駆け出しの設計者とベテランの設計者では、同じ役割を果たすパーツを設計しても、その形状は異なってきます。それは、初心者の設計者は頭の中に思い浮かんだものをそのまま形にするところを、ベテランの設計者の場合は、どのような形にすればより上手く機能するか、あるいは、製造性をきちんと満たしているのかというノウハウが頭の中に入っており、そのノウハウが形の違いとなって現れてきます。どれくらいの太さや厚みにすれば壊れずに済むのか、と同時に過剰設計にもならないのか、ということも、ベテラン設計者の頭の中には過去の経験、失敗に基づいたノウハウが入っていますが、初心者にはわかりません。

　こうすれば良いというノウハウについては、先輩から教えてもらうのが近道でしょう。しかし、ベテランであろうと駆け出しであろうと、その固有のパーツについて、本当にそれで良いのかということは、実際にリアルな試作を行ってみないとわからないことが多いと思います。手計算が可能なのは、あくまでも簡略化したものを手計算するときだけで、これでは細かなところまでは検証しきれません。それは初心者でもベテランでも同じことです。

　そこで、有効な道具がCAEです。特に3D CADと連動する設計者CAEのメリットは、モデリングをした形をすぐさま検証できるということです。つまり、

　①3D CADでモデリングをする　→　②CAEで検証をする　→　③必要に応じて修正を行う　→　④再度検証をする　→　⑤承認される

というプロセスを容易に回すことができるようになると言えます。

　もちろん、このプロセスを回すためには、しっかりとした工学の知識やスキルが必要であることは言うまでもありません。

　現在、3D CADを使用している多くの現場では、CAEがあまり活用されていない例が多く、②以降のプロセスを効率的に回せていない可能性もあります。もちろん製品ができているのですから、ダメな設計とは言えないかもしれませんが、もっと最適なパーツにすることができるかもしれません。

　つまり、3D CADとCAEを設計者は本来、2つセットで使うべきものであり、車の両輪であるべきものなのに片方だけで設計作業を進めていたとういことです。文字通り、「片手落ち」だったと言えるかもしれません。

操作に慣れれば、3D CADならいきなり、かなり複雑な形状まで作り込むことが可能です。形ができたことで設計したつもりになってしまった設計者が増えたことが考えられます。実際に3D CADの教育に携わる人たちからの声としても、設計の現場に3D CADがかなり入り込んできたことは良いことだが、残念ながら多くの現場では、3D CADによるモデリングは浸透してきているものの、3D設計をやっている現場はほとんど無いと言い切る人すらいます。

CAEこそが実はコンピューター支援による設計？

　CAEとはComputer Aided Engineeringの3つの単語の頭文字をとったもので、一般に「解析」の意図で使われることが多いと思います。ちなみに、CAD（Computer Aided Design）はコンピューターの支援による設計と説明されることが多いと思います。もっとも、Engineeringも工学と訳される一方、英語でEngineering Departmentというと大学なら工学部ですが、会社であれば「設計部門」と訳されることがあります。つまり、Computer Aided Engineeringもコンピューター支援による設計と捉えてもよいのです。

　ただ、ニュアンスとしては、Designが「形を作る」ところに主にフォーカスしているのに対して、Engineeringは「それがきちんと機能するように作る」ところにフォーカスが当てられていると筆者は理解しています（**図1.1**）。実際に私たちが使うメカ系CADは、この両方が揃ってこそ「設計」といえるでしょう。その意味では、CAEなしの3D CADは、設計ツールとしては片手落ちと言っても良いかもしれません。

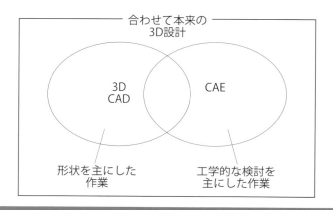

図1.1　3D CADとCAEを合わせて3D設計

3D CADでCAEをやるべき理由

　CAEを意味ある形で使用するには、材料力学などの知識が必要ですが、材料力学だけで解くことのできる形状は比較的単純なものに限られます。もちろん、ビル一棟をものすごく簡略化して全体的な挙動を見るなどの時には、それでも良いかもしれませんし、あるいは複雑な形状のパーツをやはり、簡単な等価なモデルに置き換えて、材料力学の知識を使って解くことは意味のあることです。しかし、複雑な形であれば単純化自体が難しいこともありますし、局所的な応力を求めること自体が難しくなります。単純な穴あき平板を例にとって説明してみましょう。

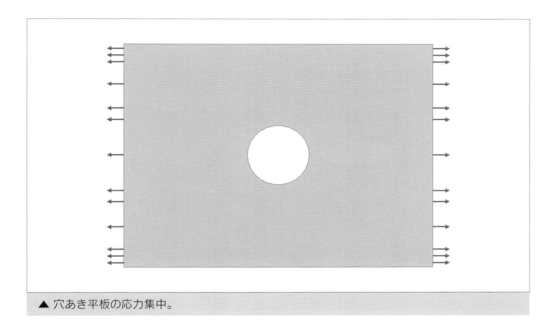

▲ 穴あき平板の応力集中。

　穴あき平板の応力集中に関してはすでに計算式が存在していますので、手計算であっても求めることは比較的用意です。でも、これがパンチングメタルのようなものだったらどうでしょうか。さらに、それらの穴が不規則に開けられているとしたらどうでしょうか。

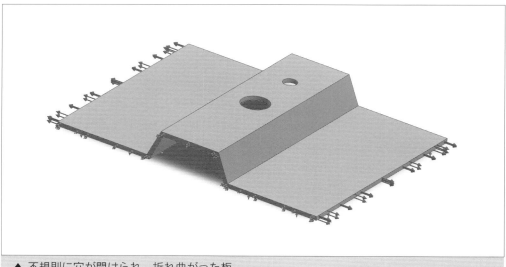

▲ 不規則に穴が開けられ、折れ曲がった板。

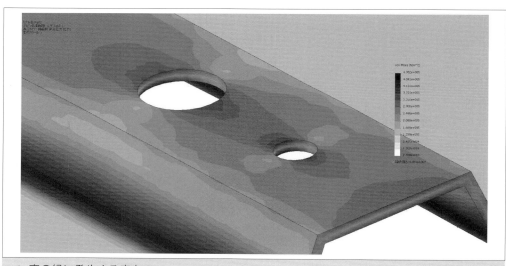

▲ 穴の縁に発生する応力。

　穴の縁に発生する最大の応力値が発生する場所は経験則的に予測できる場合があるにせよ、それがどのくらいの値になるかを予測するのは難しいでしょう。

　2次元図面しか作っていなければ、仮に計算したいと思ってもわざわざメッシュを作成する必要があり面倒でしたが、3D CADと連携すれば手間はかかりません。これだけでも、ちょっと試してみる価値があるでしょう。

一口にCAEと言っても

　一口にCAEと言っても、現在、そのカバーできる範囲は非常に多岐に渡ります。メカ系のエンジニアに最も馴染み深いのが構造解析です。さらに、その中身は、力の関係が釣り合った状態での静解析と時間軸で変化する動解析にわかれます。固有値解析なども動解析の一部になります。機械などを扱う上で熱の影響を考慮しなければならない場合もあります。そのため、熱伝導解析やこの結果を構造解析と絡める熱応力連成解析もよく行われます。このあたりが、一般的に設計者にとってもよく使われる範囲になると思います（**図1.2**）。

　もっとも、最近では部品の設計者でもあっても、射出成形品の設計において樹脂流動解析を行うケースや、流体解析を行うケースも増えてきています。本書では、この中の静解析に焦点をあてていきます。

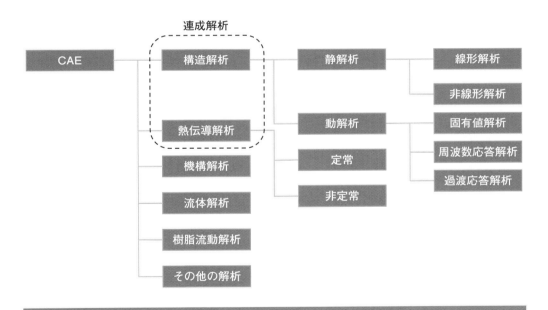

図1.2　CAEがカバーできる範囲

Chapter 1　基礎編：CAEで3次元設計をスキルアップするための基礎知識

2 設計検証に必要な構造解析の知識

　構造解析は「応力解析」などと言われることもあります。もちろん、構造解析で見るものは応力だけではありません。しかし、解析のかなりの割合が応力に関わっていることを考えれば、構造解析は応力解析と考えても良いでしょう。

　応力解析では何を見るのかといえば、ある物体に荷重がかかる（あるいは強制変位がかかる）際に、その物体にどのような分布でどのような大きさの応力が発生するのか、どのように変形するのか、どのような歪みが発生するのか、などです。設計された製品は、目的の機能を果たさなければいけないのと同時に、「壊れない」ことが大前提です。特に自動車や飛行機などは壊れる部品によっては、人の命に関わります。

　しかし、何でもかんでも強く作れば良いというわけでもありません。すごく強く作ってしまえば壊れないかもしれませんが、今度は重すぎて役に立たないということがあるかもしれません。例えば乗り物などは、燃費なども最優先の事項の一つと考えられます。そうすると今度は軽く作らなければなりません。軽くすると今度は強度が落ちてくるということが考えられますから、強度と軽さというものを両立させなければなりません。それは材料の変更で達成できるかもしれませんし、上手にパーツの形状を変更することで達成できるかもしれません。

　最終的には試作を行って実際に試してみなければわかりませんが、無闇に試作を繰り返していては、コストも時間もかさむばかりです。これをコンピューター上で行うのが応力解析です。コンピューター上であれば、様々な形状のバリエーションを作った上で、様々な荷重条件を短時間（大規模な解析でも、少なくとも物理的な試作よりははるかに）で行うことがCAE活用のメリットであると言えるでしょう。

材料力学を振り返ろう

　解析を行っていく上でどうしても避けて通れないのが材料力学です。大学で機械工学などを学んでいれば誰しも通った道だと思いますが、簡単に振り返っておきます。もちろん、材料力学はこれだけで一冊以上の本になってしまいます。きちんと振り返りたい人は、材料力学の本を振り返ってみてください。

　また、このChapter 1では、有限要素法を使って解析する上で必要な知識として、応力や歪みといった材料力学の知識を紹介していますので、それを読んでいけば自然

と振り返ることができる形にしてあります。

そもそも有限要素法って何だろう？

さて、その有限要素法（Finite Element Method：FEM）とは、本来であれば連続体である物体をある有限の大きさの要素に区切って、それらの細かい直方体が組み合わされてでき上がっていると考える方法です。

例えば、**図2.1**に示す任意の不定形な形に、様々な方向から荷重がかかっているとします。このような形状の応力を偏微分方程式などを使って解くのは楽ではありません。

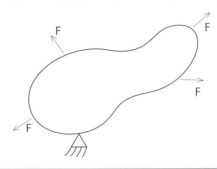

図2.1　偏微分方程式などを作って解く

しかし、これを**図2.2**のような四角形（立体なら四面体や六面体）を足し算してできていると考えたらどうでしょうか。一つひとつの力の釣り合いを考えて、足せばよいわけです。多少厳密さには欠けますが、目が充分に細かければ実用充分です。

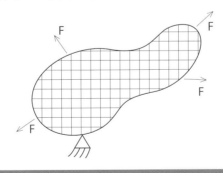

図2.2　単純な形状に分けて考える

また、これらの四角一つひとつをバネだと考えると、バネの足し算に置き換えられます（**図2.3**）。

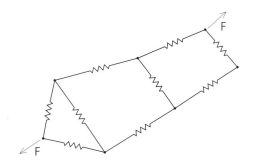

図2.3 形状をばねに置きかえ

これはフックの法則で表すことができます。公式は次の通りです。

$$F = Kx$$

すごく簡単に言えば、あとは大量のF=Kxを解いているのが有限要素法と言えます。

SOLIDWORKSによるCAE（有限要素法による解析）の流れ

本書は実践を目的としています。したがって、まずは解析を一回やり、その結果から解析、そして3D CADによる設計につながる流れを考えてみたいと思います。

なお、SOLIDWORKSには優れたチュートリアルがありますし、あらかじめ用意されているスタディーアドバイザーに従えば、それほど迷うことなく解析の準備を進めることができます。細かな手順等はチュートリアル等が詳しいと思いますので、ここでは簡単に流れを説明するにとどめます。まだSOLIDWORKSでの解析手順がよくわからない方は一度、チュートリアル等をやっておくことをお勧めします。

機械的な荷重や強制変位による影響を線形応力解析で確認したい場合には、必要なものは以下のものになります。なお、SOLIDWORKSの解析のメニューでは左から右に進めば解析のための設定が自然に定義できます。

▲ 解析メニュー。

最初にスタディアドバイザーの下の三角印をクリックしてメニューを展開して、「新規スタディ」をクリックしてから解析の種類を選択します。この例では静解析を選択します。

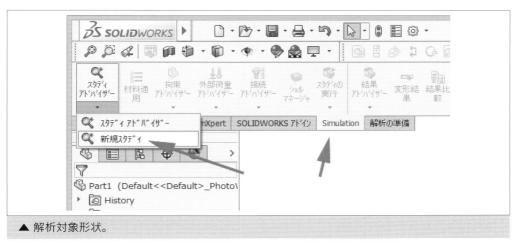

▲ 解析対象形状。

▲ 解析の種類を選択。上記の例では静解析を選択。

◆単品パーツの応力解析の場合

1）解析をするためのメッシュを作成

　解析をするためには、解析のためのメッシュが必要です。SOLIDWORKSで解析

を行う場合は、CADのジオメトリさえあれば基本的に、自動的に作成してくれます。細かい調整もできますが、これは後の項で説明します。

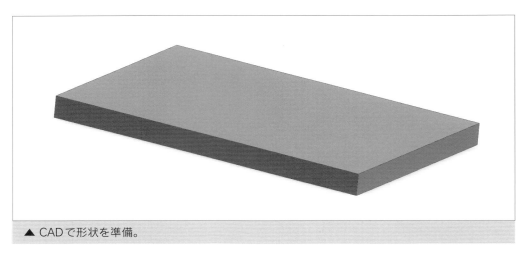

▲ CADで形状を準備。

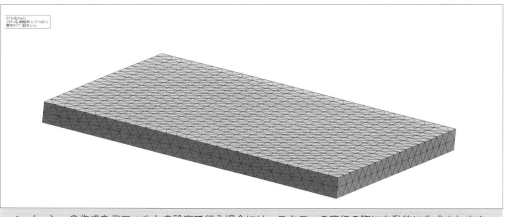

▲ メッシュの作成をデフォルトの設定で行う場合には、スタディの実行の際に自動的に作成されます。

2）材料の物性値を入力

　材料の物性と言っても色々ありますが、応力解析で必須なのはヤング率（E）とポアソン比（ν）です。ヤング率は、その材料が持つ応力と歪みの比例係数で、図で表すと縦軸に応力、横軸に歪を表す時の傾きになります。金属のような等方性の材料の場合は、どの方向に対しても同じように挙動するので、ヤング率は一つだけですが、FRPのような複合材では積層方向と繊維方向などでヤング率が変わるので、複数のヤング率を持ちます。このような材料は直交異方性材料と言います。ポアソン比は、応力の方向に発生する歪みとそれに直交する方向に発生する歪みの比です。金属など

では0.3前後のものが一般的です。なお、どちらの係数も弾性範囲内で有効です。

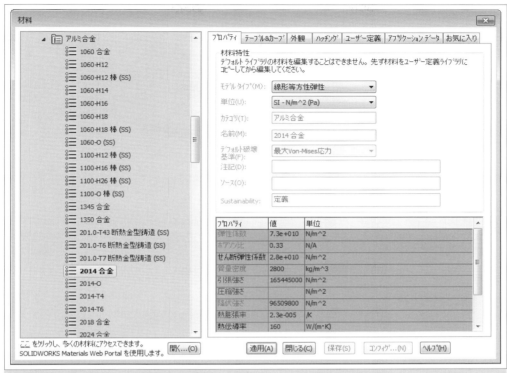

▲ SOLIDWORKSに収録されている材料の一つ2014合金の材料特性。

　この1）と2）で、フックの法則の剛性にあたるKの項ができたと考えてよいでしょう。

　重力などを与える場合には質量も必要ですが、SOLIDWORKSで用意されている材料をそのまま使用すれば、通常は問題ありません。

3）解析対象を拘束する

　解析するためには、解析対象をきちんと固定しておかなければなりません。メッシュがあるだけの状態は、全く摩擦のない世界に物体を置いているようなもので、力を加えれば何の変形もなく、剛体運動を起こしてしまうので解析ができません。

　SOLIDWORKSで一般的に使用されるソリッド要素は各節点ごとにX、Y、Zの3つの並進自由度を持っています。つまり、これらすべての方向に対して何らかの形で止まっていないと、不安定になり計算ができないということです。ここに示すように、何らかの形で全方向が止まっていれば問題ありません。

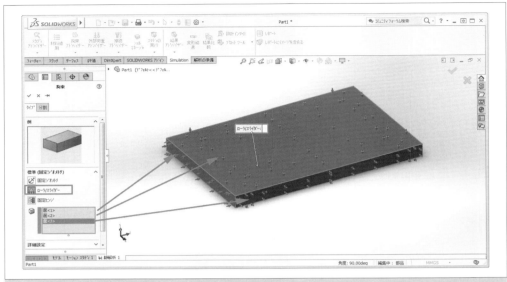

▲ 天面をY方向、左側面をX方向、手前の面をZ方向に拘束した例。

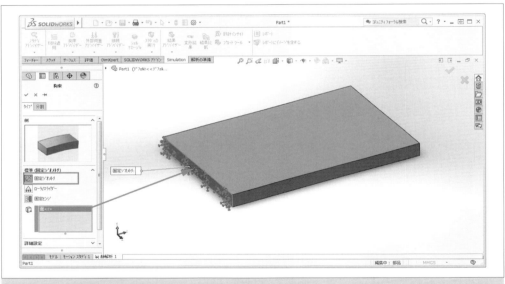

▲ 左側面だけを、X、Y、Zのすべての方向に拘束した例。

　ただし、気をつけないと以下のようなことも起きる可能性があります。

　下記の図では、一つのエッジに対して拘束をかけています。確かに、すべての方向が止まっているのですが、もし反対側のエッジに下向き（あるいは上向き）の荷重をかけたらどうでしょうか？エッジを軸にしてグルグルと回転してしまいます（**図2.4**）。エッジに対して拘束をかける場合には、反対側のエッジにも拘束をかけない

と剛体回転が起きてしまうので注意しましょう。

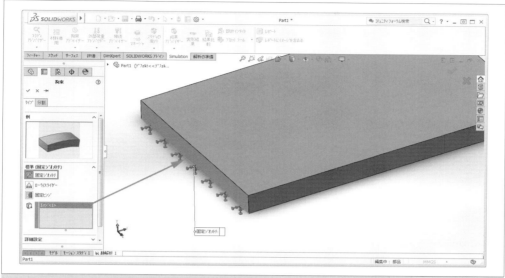

▲ 1つのエッジに拘束をかけると、反対側のエッジに荷重をかけた場合、剛体回転が起きる。

ここを軸に回転

図2.4　剛体回転

4）荷重または強制変位

　さて、解析をするためには解析対象に対して何らかの変化を起こさなければなりません。これが荷重であったり、強制変位であったりします。条件によってはこの両方を使う場合もあるでしょう。通常のソリッド要素では自由度の関係で、荷重であればあくまでも並進の荷重のみになりますが、これが後述するシェル要素やビーム要素の場合には、回転の自由度があるためにモーメントを節点に直接与えることも可能です。

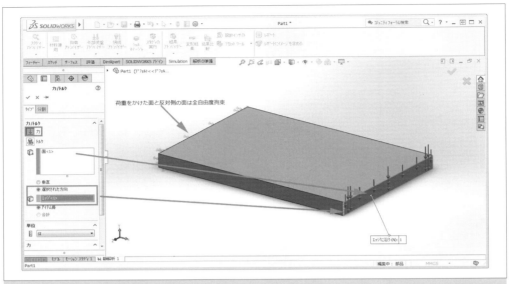

▲ 端面に下向きに荷重をかける。反対側の面は全自由度拘束。

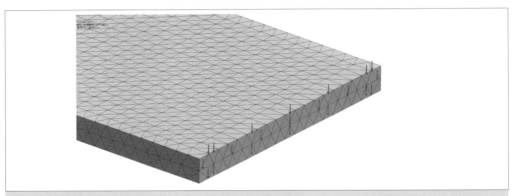

▲ これらの荷重は内部的にはメッシュの各節点に分配される。

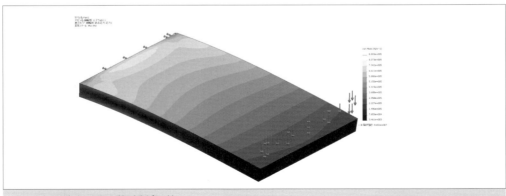

▲ これで実行すれば解析が可能。

SOLIDWORKSで荷重を定義する場合には、通常の力以外にトルクや圧力、遠心力、重力など多様な荷重があります。これらは適切にモデルに与えてやれば、それらを適切に節点に対してSOLIDWORKSのほうで与えてくれますので解析が専門でない設計者は、どの節点にどのような荷重を与えれば適切かどうかを考える必要がないので、便利です。

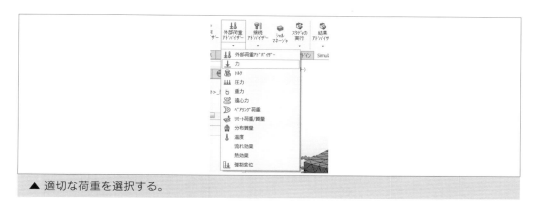

▲ 適切な荷重を選択する。

◆アセンブリの応力解析の場合

　単品パーツの解析に必要なものに加えて以下のものが必要になります。

5）接触条件
　細かい接触条件については後ほど説明しますが、部品が複数ある場合は、必ずこの部品接触を考える必要があります。接触条件は、このアセンブリ全体に対してデフォルトの接触条件を定義し、それだけで進める場合と、さらに個別の面同士の接触条件を考える場合とがあります。ここでは全体の条件のみを考えます。

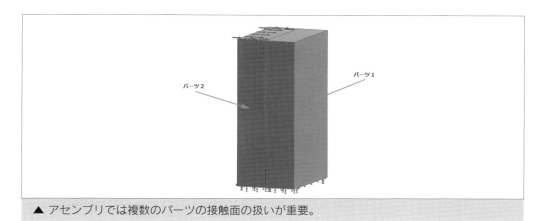

▲ アセンブリでは複数のパーツの接触面の扱いが重要。

このような単純な同じ大きさの直方体のパーツが二つ並んでいて、それぞれ一面でお互いに接触しています。下面はどちらも固定されていて、左側の上面に右向きの荷重をかけています。この接触している面をどのように扱うかで、アセンブリの挙動も変わります。

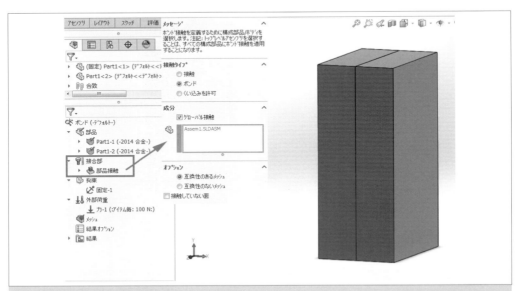

▲ 最初のグローバル条件は、「ボンド」。ボンドとは、この二つのパーツが完全に溶接されているかのように挙動するとしたものです。

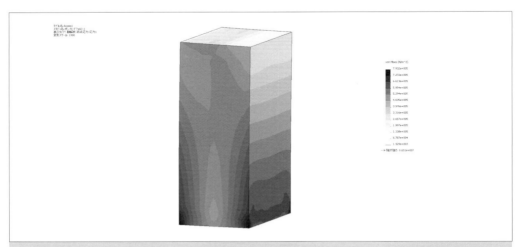

▲ そうすると、この二つは合わせて一つというような挙動をしますので、解析結果を見ても厚さが倍になった分厚い板のような応力分布をしています。

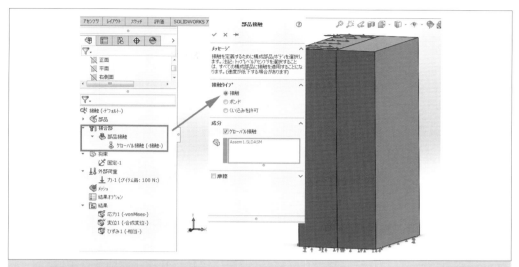

▲ 次に示すのが「接触」。こちらはあくまでも二つの板は別々のものとして扱われますので、荷重に対して接触の条件を計算しながら、お互いに突き抜けてしまわないように計算を進めます。別々に挙動をするのであれば、こちらが選択肢になります。

▲ 解析結果も最初のものと違って、接着されていない二つの物体として挙動していることがわかります。どちらが自分の解析にふさわしいのかを考えて定義する必要があります。

様々な拘束条件や荷重条件のつけかた

　これまで見てきたように、拘束条件や荷重条件はCADのジオメトリの面にかけることもエッジにかけることも、あるいは頂点にかけることもできます。また、面を分割すれば、面の一部だけにかけることも可能です。

◆拘束条件について

p19 〜 21 で、拘束条件を面につけるかエッジにつけるかの違いに簡単に触れましたが、もう少し話をしたいと思います。先ほどの板を曲げるかわりに引っ張ってみましょう。CADのジオメトリ上では同じように見えても、作成させるメッシュに応じて結果がまったく異なる例をここで示します。

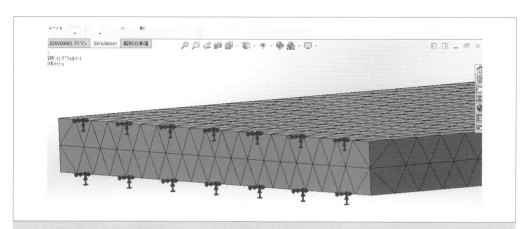

▲ かたや、上下のエッジを完全に拘束します。少なくともこれで回転することもなくきちんと解析できるはずです。ここで気になるのは、面の中間に節点があるにも関わらずそこには何も拘束条件が定義されていないように見えることです。

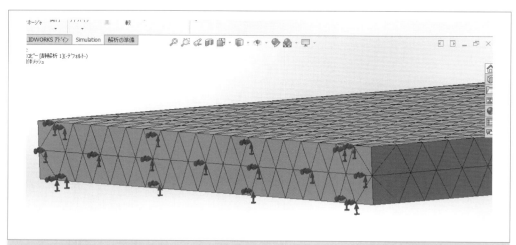

▲ かたや面全体を拘束してみます。こちらのケースで中間の節点にも拘束条件が定義されているようです。

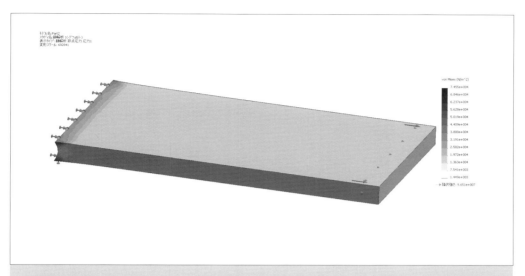

▲ 解析結果は、上下のエッジのみを拘束した場合には、固定している側が側面から見た時に、Uの字型に反ってしまいました。これは上下のエッジに属している頂点は完全に拘束されていましたが、面の中間のエッジは自由に動くことができる状態です。そのためのこの面全体が完全に拘束されずに中央が荷重に引っ張られて浮いてしまったのです。

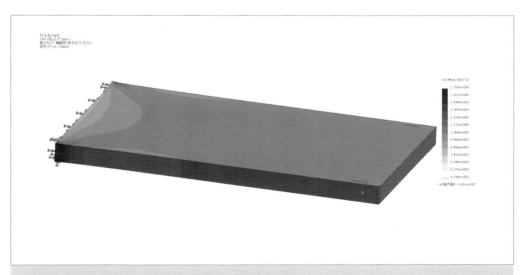

▲ 面全体を拘束している場合には問題なく予想した通りに、面全体が固着しています。荷重についても同様に注意が必要です。荷重や拘束条件を定義する時には、あくまでもモデルの形状のみを見て定義しており、どのようにメッシュが発生するかわからないので、ただしく定義するにはどうしたよいのかを考える必要があります。

▲ 例えば、荷重を面全体ではなく、エッジにのみかけることも可能です。ただし、これでは上側だけが引っ張られることになります。この例では中央にはエッジがありませんが、中央にエッジがあったとしても、そこに荷重をかければ面全体ではなく中央のみを引っ張ることになります。

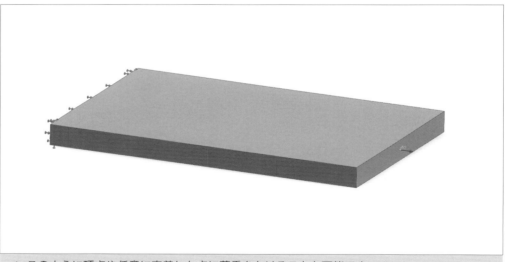

▲ このように頂点や任意に定義した点に荷重をかけることも可能です。

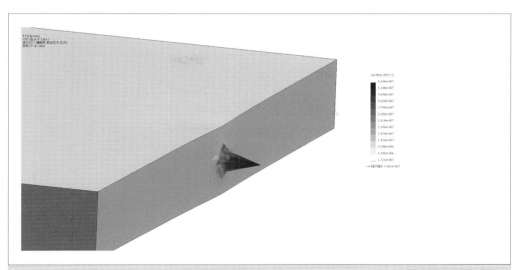

▲ ただし、解析結果はこのように一点だけが飛び出したような形になり、現実的な変形が得られません。

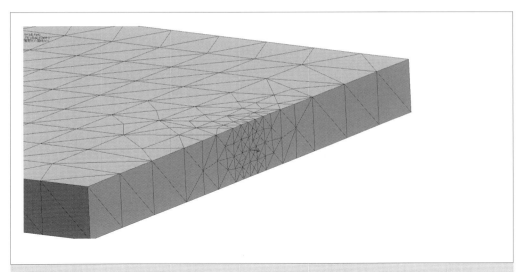

▲ これはアダプティブで細かくメッシュを切っていますが、ある一点にすべての荷重が集中しています。点は大きさがありませんから、ここは特異点になってしまいます。狭いエリアに荷重が集中する場合でも、どこか一点ではなくて面を分割してその面に荷重をかけるのがよいでしょう。

◆分割した面に荷重をかける

　CADの面としては一面でも、解析の関係上、その面を分割したいというニーズ、あるいは、そうしたほうが良いということがあると思います。そのような時には、分割したい領域に定義できるスケッチを作成し、解析の準備の機能で分割します。

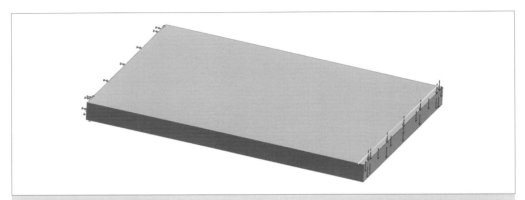

▲ 例えば上面の一番右側に下向きに荷重をかけたいという場合、面を分割していないとエッジか端面に荷重をかけるしかありません。実際には、少し長方形の領域を作ってそこに荷重をかけたいとします。その領域を定義するような直線を一本、スケッチで作成しておきます。

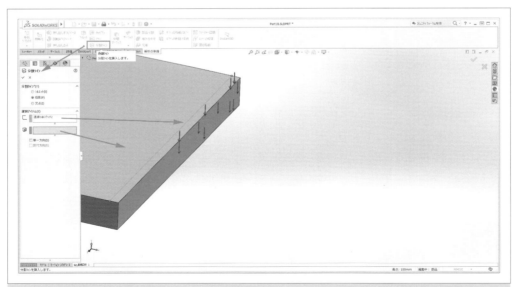

▲ スケッチが終わったら「解析の準備」のタブから、「分割ライン」コマンドをクリックします。

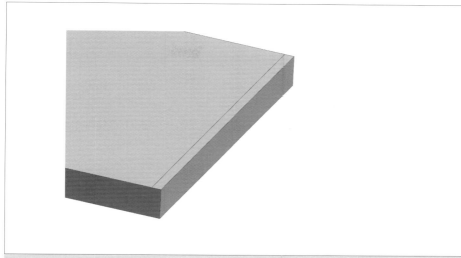

▲ このように面が分割されて、右側に細長い領域ができました。

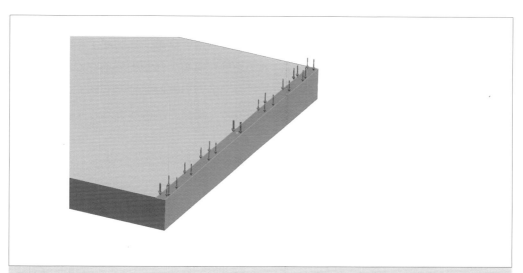

▲ 面が分割されればここに荷重をかけることができます。エッジに荷重をかける場合には、太さのない部分に荷重をかけることになります。実際には荷重がかかる部分はある程度の広さがあるわけですから、このほうが現実的ともいえます。

　SOLIDWORKSの場合、荷重をかける際には、あくまでもCADのジオメトリの面やエッジ、頂点等になりますが、解析ではこのようなメッシュに変換され、荷重や拘束条件はそれらのメッシュの頂点にかかるということを忘れないようにしましょう。

3 解析結果の見方

　CAEは設計ツールです。設計ツールということは、そこに示された結果を自分が設計しているパーツの形状に反映させることが必要です。つまり、解析を進めるための基礎知識と同じくらい重要なのが、その解析を行った結果をどのように評価するのかです。そもそも、その解析結果は妥当なのか、妥当だとしたらその解析結果をどのように評価し、結果に反映させていけば良いのか、ということです。

▌最初に変形図を確認しよう

　解析結果を何から確認すべきなのかは当然、何を中心に検証したいのかによりますが、どのような解析においても最初に見ておきたいのが、変形の様子です。かなり複雑な形状であったり、複雑な荷重条件などの場合には、直感的に判断するのが難しい場合もあると思いますが、少なくとも自分がかけた荷重条件や拘束条件に対して、おおよその予想はつくと思います。変形の絶対量や応力の絶対値はともかくとして、ほぼ予想通りに変形しているのであれば、あとの修正はその延長線上で行えばよいと考えられます。

　しかし、「あれ？」というような変形をすることもあります。つまり、自分の直感と反するような変形をする場合です。その場合、理由は次に示す二つのうちのいずれかでしょう。

　一つは自分の直感が間違っていた、というものです。この場合は、より単純化した、似たような形状と荷重条件、拘束条件で試してみるとよいでしょう。もし同じような変形のパターンになったら、自分の予想のほうが間違っていたということになります。

　もう一つは、自分が与えた拘束条件や荷重条件が間違っていたというものです。例えば、次のページの最初に示すのは、前の事例で示したエッジだけを留めた結果と同じですが、意図としては完全拘束しているはずの面が反ってしまったような場合です。この場合はエッジに拘束条件を与えたために、面の中間の節点が浮いてしまったことによります。このように拘束条件の設定に問題があり、当初気が付かなかった場合でも、変形図を確認すれば、問題を発見することができます。

　以上の観点から、まずは変形図を確認します。SOLIDWORKSでは自動的に小さな変形でも大きなスケールをかけて大げさにしているので、変形の様子がわかりやすい

と思います。逆に変形しすぎてよくわからない、という場合には、自分で変形のスケールを調節することができます。

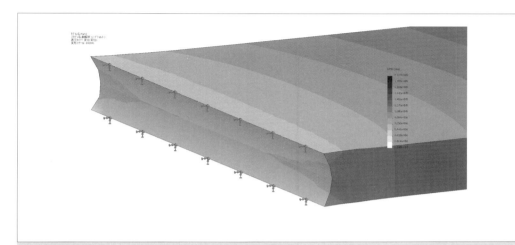

▲ エッジのみに拘束条件を与えたことで、面の中間の接点が浮いてしまった例。但し、メッシュ分割が粗く、面の上下のエッジにのみ節点があり面の中間には節点が無い場合には、この問題は生じません。

応力について確認しよう

変形の様子を確認して問題がないようであれば応力の確認をします。延性材などの場合には降伏応力に達していないか、脆性材は破断する応力に達していないかなどを確認します。そのために知っておきたいのが応力歪み曲線です。

ひと口に応力と言っても、実際の3次元の物体には様々な種類の応力があります。そこで応力の種類について触れておきます。

◆そもそも応力とは

応力の基本的な定義は以下の通りになります。

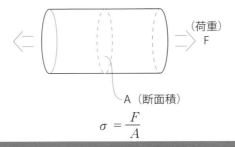

$$\sigma = \frac{F}{A}$$

図3.1 応力とは

　平たく言うと、外力が物体にかかった時に、内部に発生する力で単位面積あたりにかかる力で表現されます。そのため応力の単位は、MPaとか、psiなどのような圧力と同じ単位です。

　図3.1のような一軸の単純なモデルであれば、これでOKですが、実際に解析したい物体の形はこのように単純なものでもなく、また荷重も様々な方向から作用します。そこで、応力を以下のようなテンソルの形で表現します。

$$\sigma = \begin{pmatrix} \sigma_{xx} & \tau_{xy} & \tau_{xz} \\ \tau_{yx} & \sigma_{yy} & \tau_{yz} \\ \tau_{zx} & \tau_{zx} & \sigma_{zz} \end{pmatrix}$$

◆歪みとは

　何か物体に力をかけて引っ張れば、大なり小なり伸びます。この時の元の長さに対して伸びた量との比率が歪みです（**図3.2**）。

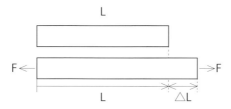

図3.2 歪みとは

　元の長さをLとして、荷重をかけた時の伸びた量をΔLとします。この二つの数値をもとに、ひずみεは下記のように計算されます。

$$\varepsilon = \frac{\Delta L}{L}$$

横歪みも同様に計算できます（**図3.3**）。

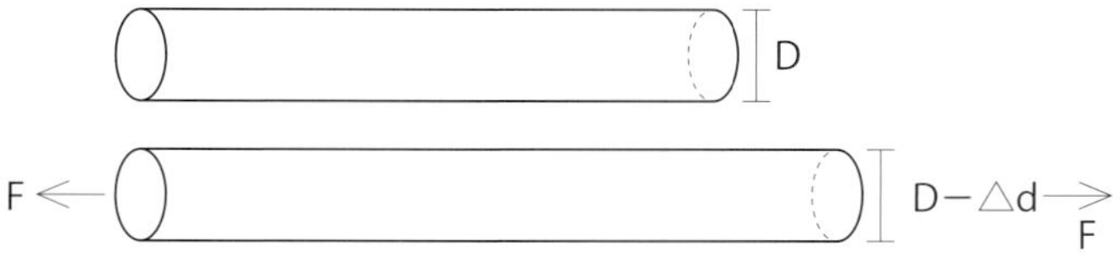

$$\varepsilon = \frac{\Delta D}{D}$$

図3.3　横歪みの求め方

そしてポアソン比は、この縦歪みと横歪みの差になります（**図3.4**）。

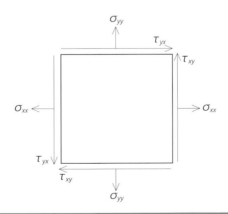

$$\upsilon = \frac{横歪み}{縦歪み}$$

図3.4　ポアソン比の求め方

◆応力と歪み

まず、垂直応力＝ヤング率×縦歪み、せん断応力＝横弾性係数×せん断歪みで表現できます（**図3.5〜3.7**）。

図3.5　垂直応力とせん断応力

図3.6　縦歪みとは

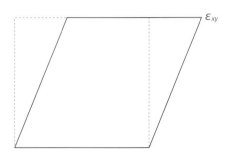

図3.7　せん断歪みとは

　実際の応力場は上記のようなテンソルで表すことができますが、このままで応力を評価するのは面倒です。そこで、よく評価に用いられるのが、主応力とミーゼス応力です。それぞれについて簡単に触れておきましょう。

主応力で何がわかるか

　一般的な応力場では、ある荷重がかかった時に、垂直応力とせん断応力が混在しています。それを**図3.8**のようにある角度回転させると、せん断応力がゼロになります。この時の応力はすべてが垂直応力になります。この時の垂直応力が主応力になります。3次元の物体の場合には、$\sigma 1$、$\sigma 2$、$\sigma 3$の3つで表され、SOLIDWORKSの中では最大、中間、最小で表現されます。この時の最大から最小は絶対値の大きさの比較なので、すべてが圧縮応力だと、すべてマイナスになります。また、主応力は方向も持っています。

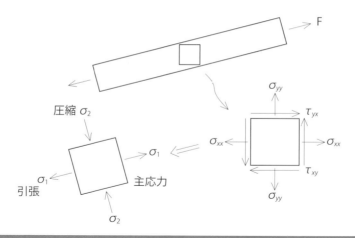

図3.8 せん断応力がゼロの状態

　主応力は、鋳鉄などのような脆性材料の評価によく用いられます。これらの材料は、破断の前に降伏する延性材料と違い、突然破壊に至ります。また、圧縮強度のほうが引っ張り強度よりも強く、ねじり強度はほぼ同じとされています。そのため、部材の強度が、このパーツに発生した主応力の最大値に達した時に破壊すると考えるのです。最大主応力とその向きを見ることでいつ破断するのか、どの方向に破断するのかなどを予測することができます。

ミーゼス応力で何がわかるか

　ミーゼス応力は、Richard von Misesが発見したことにちなんでいますが、簡単に言うと、応力のテンソルをある式を用いて一つの値で表現したものになります。プラスとマイナスの符号はないので、引っ張りと圧縮の判断はつきません。この値は延性材の降伏を判断する際によく用いられます。なお、ミーゼス応力というかわりに相当応力という言葉があてられることもありますが、同じものです。

　ミーゼス応力の表現式は、主応力の表現では（式1）のように、応力のテンソル形式では（式2）のようになります。

$$\sigma_{vm} = \sqrt{\frac{1}{2}\{(\sigma 1 - \sigma 2)^2 + (\sigma 2 - \sigma 3)^2 + (\sigma 3 - \sigma 1)^2\}} \cdots 式1$$

$$\sigma_{vm} = \sqrt{\frac{1}{2}\{(\sigma_{xx} - \sigma_{yy})^2 + (\sigma_{yy} - \sigma_{zz})^2 + (\sigma_{zz} - \sigma_{xx})^2 + 3(\tau_{xy}^2 + \tau_{xz}^2 + \tau_{yx}^2 + \tau_{yz}^2 + \tau_{zx}^2 + \tau_{zy}^2)\}}$$
$$\cdots 式2$$

複雑になってはいても、元々の応力の定義は単位面積あたりの荷重であることに変わりはありません。

例えば、ある荷重をかけた際に発生する応力を軽減したい時に、その物体を剛性を変えても関係がないことがわかります。SOLIDWORKSで解析して確認してみましょう。

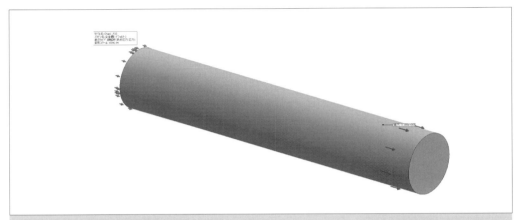

▲ 単純な丸い棒の左側を完全に留めて、右側を100Nで引っ張っているものです。合金鋼の場合：$3.188 \times 10^5 \text{N/m}^2$のミーゼス応力が計算されました。

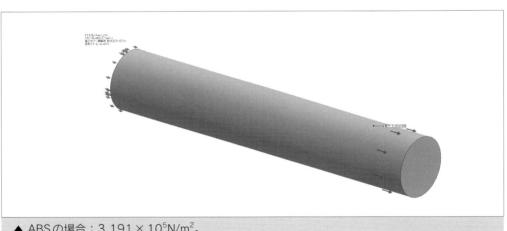

▲ ABSの場合：$3.191 \times 10^5 \text{N/m}^2$。

若干の誤差が出ていますが、材料の剛性の違いを考えると、同じと考えてよいでしょう。このようなケースの場合には、応力を下げるなら断面積を増やすか、荷重を減らすということになります。

しかし、強制変位となると話が別になります。今度は材料物性が関わってきます。

右端に荷重をかける代わりに強制変位をかけると、まず歪みが発生します。応力と歪みの関係は、ヤング率を介して、

$$\sigma = E\varepsilon$$

で表現されます。Eは材料によって異なりますから、同じ形状であっても結果は異なるはずです。以下は、先ほどと同じ丸棒に対して、0.02mmの引っ張りの強制変位を与えたものです。

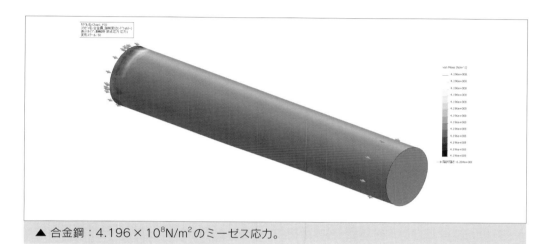

▲ 合金鋼：$4.196 \times 10^8 N/m^2$のミーゼス応力。

▲ ABS：$3.996 \times 10^6 N/m^2$のミーゼス応力。

このように同じ強制変位にもかかわらず、求められた応力のオーダーが二桁違っています。同じ形状のパーツに対しても一体何が作用しているのかによって、対応策が変わってくることが見えてくると思います。

◆応力歪み曲線

　応力歪み曲線は、その性質に応じていくつかのパターンがあります。延性材と脆性材を例に説明します。

1）延性材

　合金鋼等の鉄の合金の場合には、応力と歪みがゼロの状態から線形の関係で降伏点に向かいます。実は降伏点と弾性の限界が一致しているわけではなく、弾性の限界は少し手前にあります。その後降伏点に至り、塑性してしまいます。こうなると、強度は期待できません。一度応力が下がった後に徐々に最大の応力値に向かい、その後に破断してしまいます（**図3.9**）。

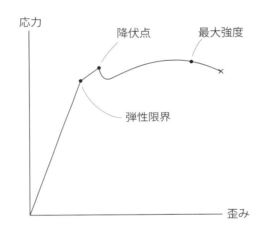

図3.9　合金等の応力歪み曲線

　ところが、アルミなどの非鉄金属の場合には、少し状況が異なります。実はこれらの金属には明確な降伏点というものは存在せず、徐々に最大の応力に向かうという性質があります。そのため、永久歪みが0.2%に達する点を降伏点としています（**図3.10**）。

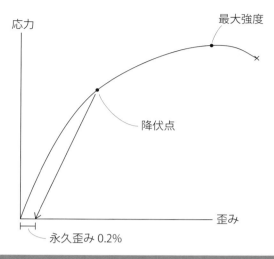

図3.10　非鉄金属の応力歪み曲線

2）脆性材

　脆性材料は、鋳鉄のような金属で延性材料のように破断する前に塑性変形して伸びるということはなく、突然に破断してしまいます（**図3.11**）。

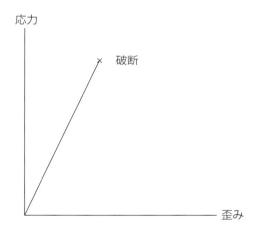

図3.11　脆性材の応力歪み曲線

　なお、図3.9や図3.10で示した応力歪み曲線は、公称応力公称歪みによるもので、塑性して断面の大きさが変わってしまうので、塑性域では厳密には異なる挙動をします。そのため、厳密には真応力真歪みを扱う必要があります。この領域での解析をする際には必要な情報ですが、今回はその領域は対象外なので、とりあえず知っておけば大丈夫です。

コンター図とその扱い方

　コンターとは、英語でcontourのことで、いわば等高線です。何の等高線なのかは見たい情報によって変わります。一般的には、まず応力を確認することが多いでしょう。

　さて、応力を確認する時に大事なことの一つは、最大の応力値が降伏応力、あるいは安全率を考慮した応力をそもそも超えていないか、ということです。最大の応力値自体はコンター図を表示する際に表示されますし、降伏応力を超えている場合には、メモリ上にも矢印が表示されるのでわかります。また、その応力がどこに発生しているのかも表示可能です。

　しかし、せっかく表示されたコンター図はどのように考えたらよいでしょうか。先ほどコンター図は等高線みたいなものと言いました。いわば応力の等高線であるならば、応力が高ければ高いほどその山も高くなるわけですが、もう一つの等高線の間隔が非常に細かければ、その変化が急であるということ、さらにそれが線のようになっていたり、点に近い状態であれば、それは急な山々の稜線であったり、槍ヶ岳のような鋭い山のようなものになります（**図3.12**）。

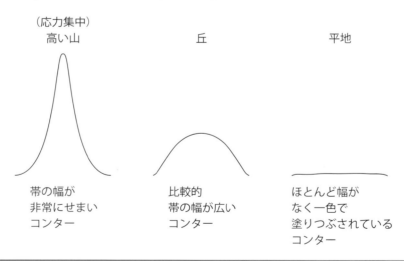

図3.12　コンターの表示例

　高い山のような状態は、応力集中が起こっていることをも意味しています。応力集中が起きると、そこが塑性したり、亀裂が入ったり等の破壊が始まるポイントにもなります。仮に降伏応力に達していなかったとしても、そこに繰り返し荷重がかかれば、

疲労による破壊の原因にもなり得ます。

　もし、非常に細かい応力のコンター図が現れたら、そこは改善のポイントといえるでしょう。

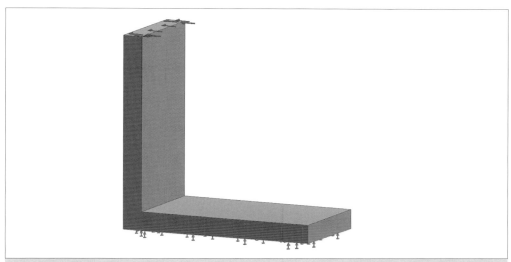
▲ このように下面を完全に固定し、縦の部分の最上面に左向きの荷重をかけて曲げてみます。

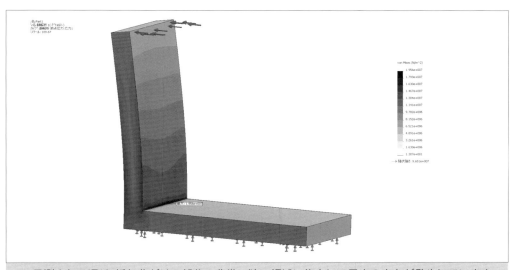
▲ 予測される通り、折れ曲がりの部分の非常に狭い領域に集中して最大の応力が発生しています。

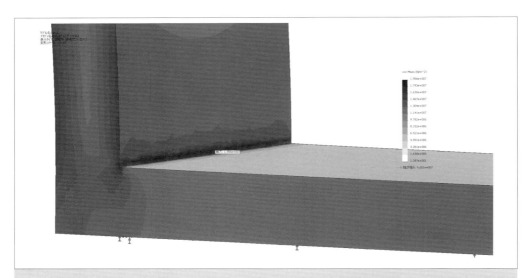

▲ 降伏応力以下ではありますが、非常に細い線のような領域に最も大きな応力のほとんどが集中しています。このような荷重が何度も載荷と除荷を繰り返すと、ここに疲労が発生してくる可能性もあります。応力をごく狭い領域に発生させるよりも比較的広い範囲に応力が分散しているほうが、どこか一箇所に負担を負わせるよりは有益でしょう。

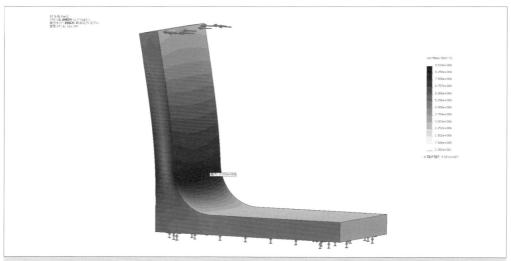

▲ この角に大きなRをつけると状況はかなり変わります。応力が集まっている部分は当然ありますが、先ほどとは違ってもっと幅の広い帯のようになっています。

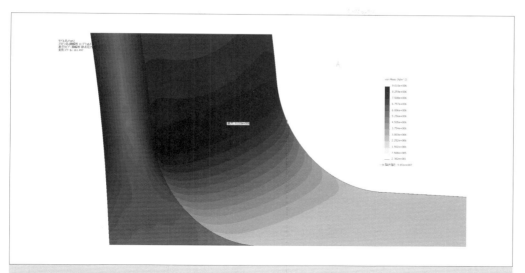

▲ また、最大の応力値も、先ほどの$1.956 \times 10^7 \mathrm{N/m^2}$から$9.010 \times 10^6 \mathrm{N/m^2}$と半分以下になっています。極度に細い、小さい、かつ急激な応力分布を見たら、そこはもっとなだらかにするポイントと言えるでしょう。

曲げ応力について

　設計者の腕の見せ所は、ありとあらゆるところから襲ってくる荷重に対し、過剰設計にならずに応力を小さくできるのか、というところでしょう。単純な引張りについての話は先ほどしましたが、むしろ悩まされるのは曲げ荷重ということも多いと思います。そこで、曲げ荷重を少し考えてみます。

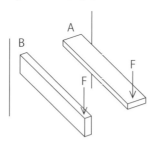

図3.13　どちらが曲がりやすいか

　図3.13の二つの図を見比べると、どちらが曲がりやすいかは、直感的にわかると思いますが、あきらかに平らに寝ているほうが曲がりやすいと言えます。これは別に試してみなくても計算することが可能です。言い換えると、Aは曲がりやすい（剛性

が低い)、Bは曲がりにくい（剛性が高い）と言えます。

ここで、Zは以下に示す断面係数、Mは曲げモーメントで、F×Xで表されます（**図3.14**、**図3.15**）。

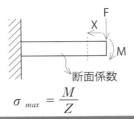

$$\sigma_{max} = \frac{M}{Z}$$

図3.14　断面係数とは

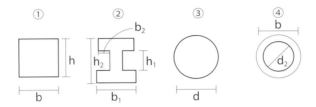

図3.15　様々な断面係数

代表的な断面係数はそれぞれ、以下のようになります。これらは覚える必要はありません。必要に応じて材料力学などの本を参照してください。

① $Z = \dfrac{bh^2}{6}$

② $Z = \dfrac{1}{6} \dfrac{b_2 h_2^3 - b_1 h_1^3}{h_2}$

③ $Z = \dfrac{\pi}{32} d^3$

④ $Z = \dfrac{\pi}{32} \dfrac{d_1^4 - d_2^4}{d_1}$

つまり曲がりやすさや曲がりにくさは、この断面係数を変えることが鍵になることがわかります。これについては後の章で改めてお話をします。

ちなみに、これらの式を見て、やはり荷重によって発生する応力に材料物性が関わってこないことがわかると思います。やはり強制変位の場合には物性は影響しますが、荷重の場合には形状を変えることがポイントになります。

4 ところでメッシュとはどんなものだろうか

　荷重や変位、その結果である応力などについて話をしてきましたが、まだ肝心な有限「要素」についての話をしていませんでした。要素とは前述したように、ある連続体を2次元なら三角形や四角形、3次元なら四面体や六面体などの有限な領域に区切ったものです。

　要素には多くの種類がありますが、基本的には、ソリッド要素、シェル要素、ビーム要素の3種類があると考えておけばよいでしょう。

　ソリッド要素は体積のある塊で、形によって四面体だったり六面体だったりします。SOLIDWORKSでは、四面体の要素を使用します。理論的にも最も扱いやすく、さらに自動生成もしやすく、3D CADと連携する解析ソフトでは、ほぼこの要素がデフォルトになっています。一次の要素と二次の要素があり、二次要素のほうが同じメッシュの切り方でもより精度の高い表現が可能ですが、計算機の負担は増します。各節点の自由度はX、Y、Zの3つになります（**図4.1**）。

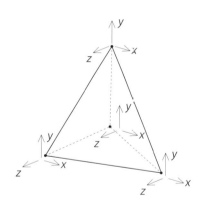

図4.1　ソリッド要素の各節点の自由度

　これ以外にもシェル要素とビーム（梁）要素と呼ばれる要素がありますが、使用には若干知識が必要です。これらについては後述します。

メッシュの細かさと応力の関係

　有限要素法を使った解析で考慮することを避けて通ることができないのが、メッ

シュの大きさです。有限要素法では、本来は連続体である物体を、ある有限の大きさの領域に区切って解析し、それらの領域を足して1つの物体の応力や歪みなどを見ています。

　本書は解析の専門書ではないので、詳しい方程式等の理論は説明しませんが、1つの要素の中には積分点と呼ばれる場所があり、その部分で応力を評価しています。

　さて、解析を行うにあたっては、物体の複雑さや大きさにもよりますが、要素の数は少ないほうが、すなわち要素の大きさが大きく粗く分割されているほうが計算は軽くてすみます。これは特に、解析専用の高性能のコンピューターが用意できない場合には重要ですが、そのかわりに解析の精度は下がります。

　例えばある要素に積分点が1つだけあるとします。それが平面だったとして、その平面を1つの要素で表すと、実際にはどんなに応力の分布があったとしても、積分点は1つだけですので、1つの応力しか求めることしかできません。しかし、同じ平面を100の要素で表現したら、場所ごとに100の個別の応力を求めることができますので、より正確な応力の分布を求めることができます。

　これを無限に細かくすればもちろん、本物の物体と同様の応力分布を求めることができますが、今度は計算が重たくなります。平面のような簡単な形ならよいですが、実際の物体では計算できないくらい重たくなることがあります。

　また、物体の中でも応力が集中するところは、細かくする必要がありますが、ほとんど応力がない状態の領域まで細かく切るのはコンピューターのリソースの無駄です。それでは、実際に解析を行いながら、メッシュと解析精度の関係について見ていきます。

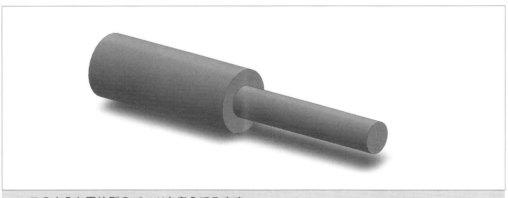

▲ このような円柱型のパーツを考えてみます。

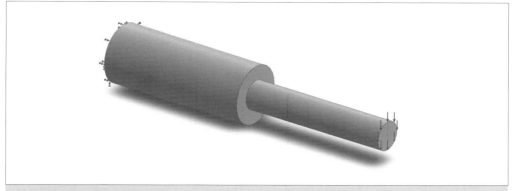

▲ この底面を完全固定し、円柱の先端の面に下向きに荷重をかけてみます。

　SOLIDWORKSでは、材料物性や拘束条件、荷重条件など必要なものが設定されれば、あとはメッシュ分割はSOLIDWORKSに任せて、自動で作成して解析を進めることが可能です。そして実際、多くの場合、充分な精度での解析を行うことができるでしょう。しかし、本当に精度のよい解析とパフォーマンスの良い解析を行うためには、メッシュの粗密を理解しておく必要があります。また現実には、一部を細かくしないと充分な精度が出ないことがあるのも事実です。

　通常は、条件を設定後、「スタディを実行」すると自動的にメッシュがバックグラウンドで作成されますが、ツリーからマウスの右クリックでコマンドを表示し、「メッシュ作成」をクリックすると、メッシュの作成だけを行うことができます。

▲ メニューから「メッシュ作成」をクリック。

Chapter 1　基礎編：CAEで3次元設計をスキルアップするための基礎知識　　**49**

▲ メッシュ作成のための設定ダイアログが表示されるので、「粗い」から「細い」まで任意の細かさを設定可能。

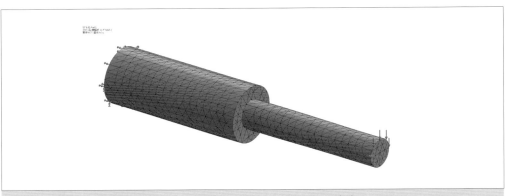

▲ ここでは、中間（デフォルト）の設定でメッシュを切ってみます。

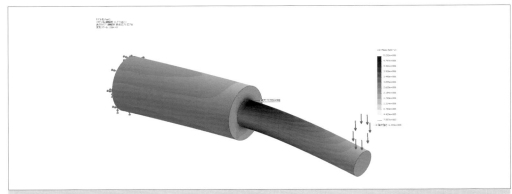

▲ この状態で解析を進めると、最大の相当応力値は、$5.232 \times 10^6 \text{N/m}^2$ であることがわかります。L字型の縦の部分の付け根に応力が集中していることがわかります。

ここでメッシュの細かさを変えて結果を確認したいと思います。

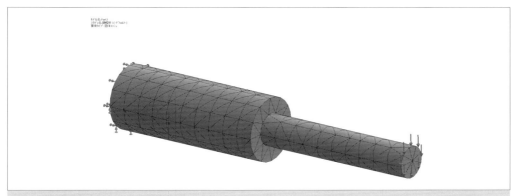

▲ まずメッシュを粗くしてみます。ここでは、先ほどのメッシュ作成の画面で最も粗い設定にしてみました。

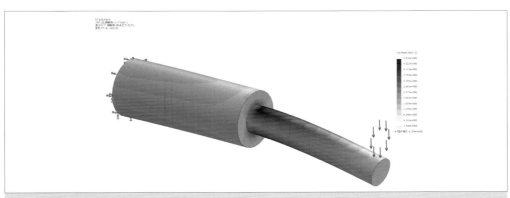

▲ 今度は最大の応力値が、$5.232 \times 10^6 \text{N/m}^2$ になっています。応力集中は、太い円柱と細い円柱の交線あたりですが、メッシュが粗くなったことで精度が落ちているようです。

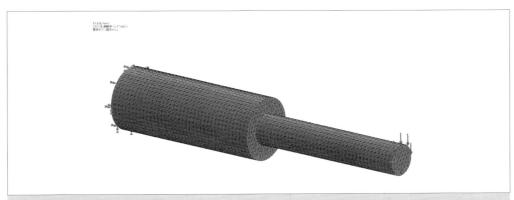

▲ 今度は、スライダーを最も「細い」に合わせてメッシュを作成してみます。最初のケースよりは、かなり細かくメッシュが切られていることがわかります。

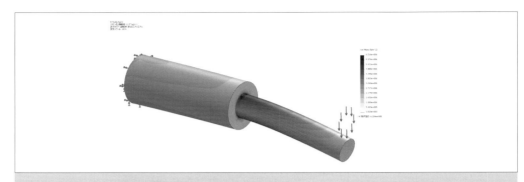

▲ この状態で解析をしてみます。最大の相当応力値が、$6.516 \times 10^6 \text{N/m}^2$ になりました。応力の絶対値自体かなり違っていることがわかります。また、表示されているコンター図もよりはっきりと傾向を表しています。メッシュが細かくなったことで応力集中がより細かく捉えられていることがわかります。

とはいえ、この例の場合、水平部分はほぼ応力値が小さく、かつ応力の変化もありません。そのようなところまでメッシュを細かく切ることは、コンピューターのリソースの活用上、あまり効率の良いことではありません。

そこでポイントとなるのは、必要なところだけ細かく、それ以外のところ粗くということです。まず、パーツ全体のメッシュ作成の設定は、一番粗いものにしておきます。メッシュの右クリックで表示されるコマンドの一覧から、「メッシュコントロール」適用をクリックしてみます。

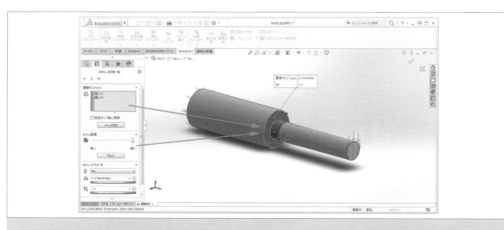

▲ あらかじめ、手前の細い円柱の面を分割していますが、太い円柱の手前の面と、細い円柱の根本に近い部分の面を選択して、メッシュ密度を最も細い設定にしておきます。同様に、太い円柱の側面と底面、細い円柱の手前の面を選択し、最も粗い設定にし、細い円柱の側面の設定はデフォルトの中間の設定にします。

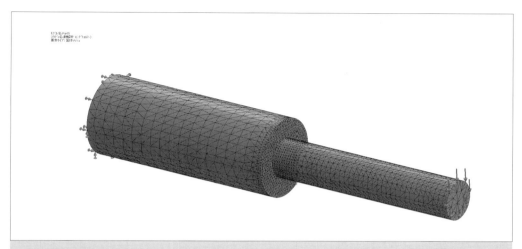

▲ 最大の応力がかかっているのは、細い円柱の根本の部分ですから、その近傍を最も細かく切りました。太い部分のメッシュが一番粗く、細い円柱の側面が中間程度の細かさできられていることがわかります。この状況で解析してみましょう。

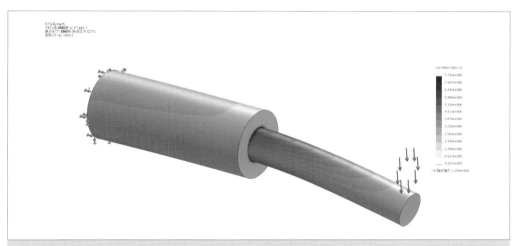

▲ 着目する部分だけが、より細かくなっていることで、応力集中を捉えています。この状態での、最大のミーゼス応力値は、$7.730 \times 10^6 \mathrm{N/m^2}$ になっています。

このように、特に不連続な部分における応力を捉える場合は、メッシュの細かさが重要な役割を果たすことがわかると思います。着目すべき部分に対してはメッシュをできるだけ細かく、そうでないところはできるだけ粗くメッシュを作成することが、効率と精度をバランス良く成立させられることがわかると思います。

アダプティブの活用

　メッシュの粗密をコントロールすることの意味は理解できても、どこを細かくするかあらかじめわからないとか、形状の関係で作業が面倒という場合もあると思います。そんな時に都合が良いのが、ソフトウェアのほうで勝手に応力集中がある部分を細かくしてくれるか、粗密に関係なく応力集中が確認できるようにしてくれることです。
　そのような都合の良い方法が、アダプティブと呼ばれるメッシュの制御方法です。ここではSOLIDWORKSに用意されているh-法とp-法について解説します。

◆アダプティブh-法

　アダプティブというメッシュの切り方は、解析の世界では比較的ポピュラーで、それを売りにしているソフトもあります。SOLIDWORKS Simulationでは、応力集中が起きる場所に対して自動でメッシュを細かくする方法と、その部分のメッシュの次数を上げる2つの方法が用意されています。前者が「h-法」と呼ばれる方法です。hはheight、すなわち高さという意味の頭文字ですが、これは要素の大きさを意味しています。
　この方法では、各要素がほぼ同じような誤差を持つようにメッシュの大きさを調整します。つまり、応力集中が起きるようなところは細かく、そうでないところは粗くなります。この方法の利点は、微小な形状がある箇所に応力の集中があっても、細かくすることで形状をフォローできるところです。その代わり、節点の数の急激な増加とともに自由度が増えますので、単純に計算機への負担が減るというわけではありません。

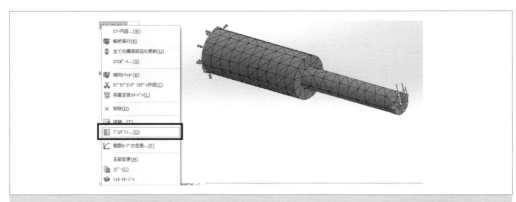

▲ ベースになっているのは最も粗くメッシュを切っているモデルです。Simulationのツリーの一番上を右クリックしてメニューを表示してから「プロパティー」をクリックします。

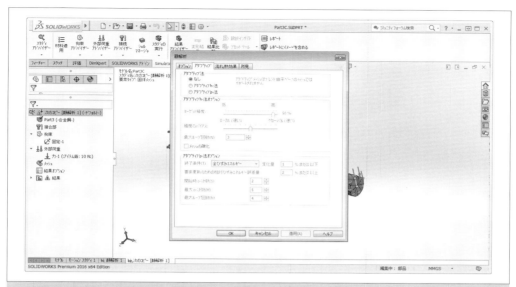

▲ 解析の様々な設定のためのウィンドウが開きます。

▲ アダプティブのタブを選び、その一番最上部のアダプティブ法はデフォルトは「なし」になっていますが、ここでアダプティブh-法にチェックを入れます。

Chapter 1　基礎編：CAEで3次元設計をスキルアップするための基礎知識　　**55**

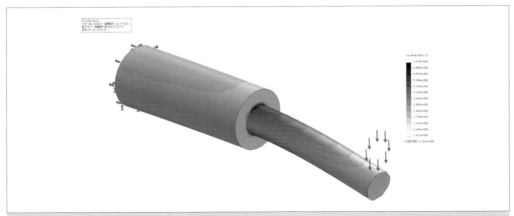

▲ そのまま解析を進めます。最大のミーゼス応力は、7.073×10^{6}N/m^2 と当初の粗いメッシュからスタートしましたが、元から細かいメッシュにした場合にかなり近い値が出ています。

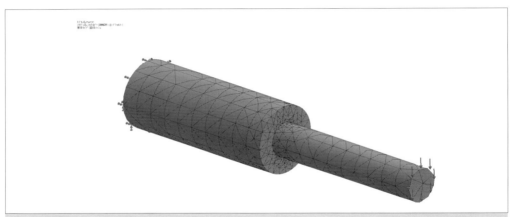

▲ 計算後にメッシュを表示するとこのようになっています。一番応力が高くなるところに向かって、自動的にメッシュが細かくなっていることがわかります。

◆アダプティブ p- 法

　アダプティブには別の方法で、解析の精度を高める方法があります。それが、「p-法」と呼ばれるものです。p-法は、要素を細かく分割するのではなく、要素の次数を高めていくものです。p-法のpは「polynomial（多項式）」の頭文字をとったものです。

　この方法の場合、要素の数、大きさは変わらないため、自由度は増えませんが、要素の次数が高くなるのにしたがって要素の積分点の数も増えていき、h-法や最初からメッシュを細かくする時と同様に、要素の高次化に伴って計算機の負荷が増すことは

考えられます。

　p-法の設定は、h-法と同じ画面で行いますが、チェックをp-法に入れます。

▲ h-法を試した時と同じダイアログを立ち上げて、p-法にチェックを入れます。アダプティブp-法のオプションは、ここではデフォルトのままにしておきます。

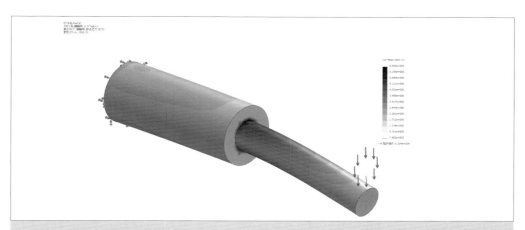

▲ p-法でも応力集中がよく捉えられています。なお、このような直角の角は、現実の物体には存在しない（実際には、どんなに直角に見えても微小なRがついている）ものになり、要素を細かくすればするほど応力が無限に高くなっていく特異点です。むやみやたらに細かくしてもあまり意味がありません。

5 線形解析と非線形解析

　皆さんが設計するものには、それほど変形しないものもあれば、大きく変形するものもあると思います。実際、SOLIDWORKSが解析の途中で「大変形」であるというメッセージを出してくることがあります。これは言い換えると、形状非線形性が生じているので、これを考慮しないと結果が正しくない可能性が高いですよ、ということを告げています。

　そもそも線形解析と非線形解析は何が違うのでしょうか。簡単に言えば以下の式で表現することができます。

　線形解析の場合は、

$$\{F\} = [K]・[U]$$

いわゆるバネでお馴染み、フックの法則で表せます。Fが荷重、Kが剛性、Uが変位です。線形解析では、荷重と変位は常に比例の関係にあります。

　ところが非線形解析の場合には、関係式が以下のようになります。

$$\{F\} = [Kt(U)]・[U]$$

　式を見てわかる通り、剛性は変位量に応じて変化してしまうため、もはや荷重と変位は比例関係にはありません。つまり、このあたりを考慮に入れないと正しく応力が計算できないということになります。少し実例を見てみましょう。

大変形解析をするかしないか

　図5.1のようなバックルかスナップフィットにありそうな形状では、はめる際に先端が相方の形状で押されることで、強制変位が生じます。ある程度のバネ性は欲しいところですが、そこに発生する反力があまりにも大きいと、はめること自体が難しいでしょう。バネ性と強度とはめやすさのバランスを考える必要があります。

図5.1 強制変位の生じる部品

解析は次のように単純に進められます。

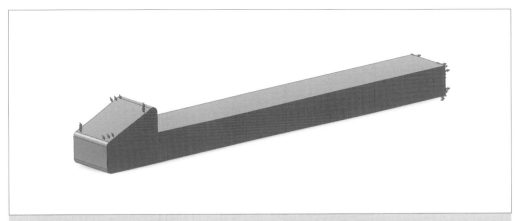

▲ このように爪の反対側の側面を完全に固定し、爪の斜めの面に強制変位を与えました。材料にはABSを使用しています。

この解析を進めていくと、SOLIDWORKSから以下のようなメッセージが表示されます。

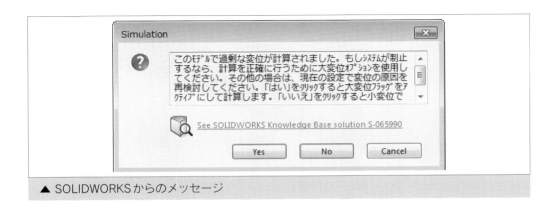

▲ SOLIDWORKSからのメッセージ

つまるところ、線形の剛性マトリックスで計算をするには、変形が大きすぎるよ、ということなので、大変形をお勧めします、と理解してよいでしょう。

　解析の正確さを求めるのであれば、ここは「Yes」で大変形フラッグをオンにします。しかし、傾向がある程度わかれば良く、解の精度はあまり問わないということであれば「No」でオフのままで良いでしょう。

　大変形解析にするメリットは、剛性マトリックスがきちんと計算し直され、それを用いて解析されるので、解の精度が比較的高いことです。その一方で、剛性マトリックスが反復計算によって計算し直されるので時間がかかります。微小変形の剛性マトリックスのままでいけば、計算はすぐに終わりますが、解の精度は下がります。

　今回の場合は、このようになりました。

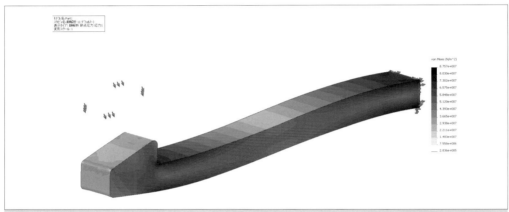

▲ 大変形フラッグをオンにした場合のミーゼス応力値は、最大で$8.757 \times 10^7 \text{N/m}^2$になりました。

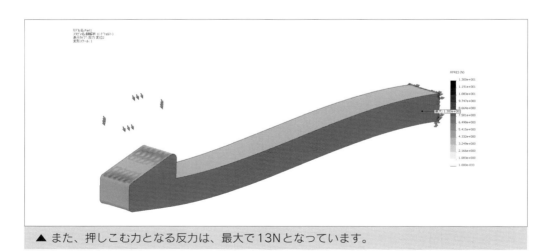

▲ また、押しこむ力となる反力は、最大で13Nとなっています。

微小変形の場合には、以下のようになります。

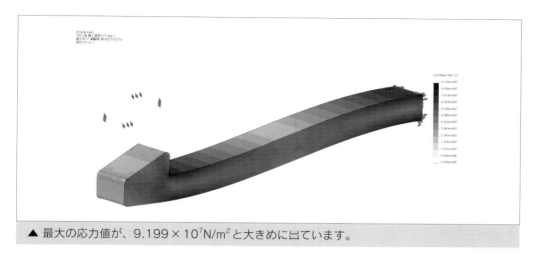

▲ 最大の応力値が、$9.199 \times 10^7 \text{N/m}^2$ と大きめに出ています。

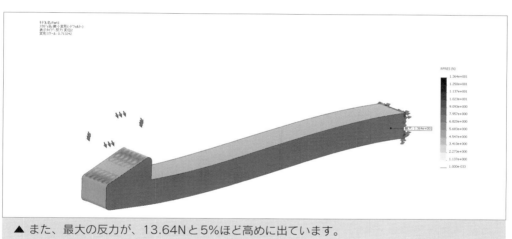

▲ また、最大の反力が、13.64Nと5%ほど高めに出ています。

設計しているものや、何を目的に解析するのかにもよりますが、同じものを解析していても、結果に大きな違いが出る場合があるということを理解しておきましょう。

材料非線形性について

本書では、プレスフォーミングなどの金属加工はカバーしません。また、ゴム材のような超弾性体はSOLIDWORKSの材料物性のリストの中にありますが、きちんとした解析を行うためには、Mooney-RivlinやOgdenによる材料モデルが必要となりますので、本書では割愛します。

6 ソリッド以外の要素も活用しよう

　3D CADで作成した形状から解析を行う場合には、ソリッド要素を使用するケースが多いと思いますが、解析にフォーカスすると、それ以外の要素を使うことが効率的な解析につながることがあります。本項では、ソリッド以外の要素の活用について触れていきます。

■ 2次元要素を活用しよう

◆ 2次元要素とは何か

　3D CADでパーツを作りアセンブリを作っていると、3Dのソリッド要素で解析をすることが当たり前と考えるのではないでしょうか。もちろん、実際にモデリングをしたものが有限要素解析のメッシュになるので、イメージしやすいかもしれません。その一方で、何も考えずにただ単に解析を進めることは、計算機のリソースと計算時間を無駄に使う効率の悪いものになる可能性もあります。

　そこで活用を考えてみたいのが、2次元要素です。2次元要素は、有限要素解析がまだ3D CADと連携せずに使用され、また計算のためのワークステーションのリソースが限られていた頃には非常によく利用されていました。2次元の要素では、本来なら3次元として表現されるものをある前提条件をベースとして2次元で表現しますが、それで十分に解析をの精度を得ることができます。むやみやたらに3次元で解析することをせずに、状況に応じて2次元要素を活用してみましょう。

　解析の専門家にとってはごく当たり前の要素ですが、3D CADでのモデリングから解析を始めた人には馴染みがないかもしれません。SOLIDWORKSでは、以下の3種類の2次元要素が用意されています。

◆ 平面応力要素

　2次元要素の中でよく使用されるのが、平面応力要素です。本来、3次元の物体に2次元的に力が加わったとしても、その応力の分布は3次元方向にも作用します。しかし、板のように平面方向の大きさに対して充分に厚みが薄い場合は、厚み方向に歪みが生じるものの、その方向の応力をゼロと考えて解析をすることができます。そこで使用を考えたいのが、平面応力要素です。実際に**図6.1**で比較してみましょう。

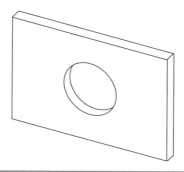

図6.1　穴あき平板で平面応力要素の活用を考える

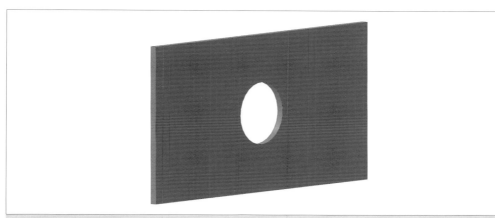

▲ 図6.1の穴あき平板をモデリングしたものです。

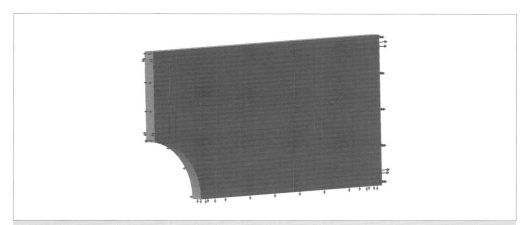

▲ この平板に対して水平方向に荷重をかけます。対称性を活かして1/4だけモデリングをします。

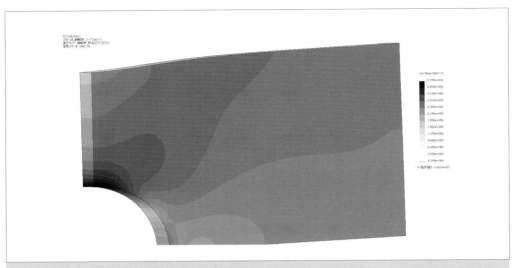

▲ まず、3次元のソリッド要素で解析します。このような解析の場合、着目されるのは水平方向の応力分布のみで、厚み方向の応力分布は一般的には解析の対象ではありません。実際に分布を見ても問題になりません。つまり、2次元で解析しても構わないということになります。

　そこで、このようなケースの場合には、平面応力要素を使用してみたいと思います。SOLIDWORKSでの平面応力要素の使い方は下記のようになります。

　まず、普通にモデリングをした形状を用意します。これに対して次のように平面応力要素を使用する設定をします。拘束条件は2次元なので、水平方向の2つの方向だけで構いません。荷重も同様に水平方向のみで構いません。

▲ スタディ設定の際に、一番下にある「2D簡略化を使用」にチェックを入れます。

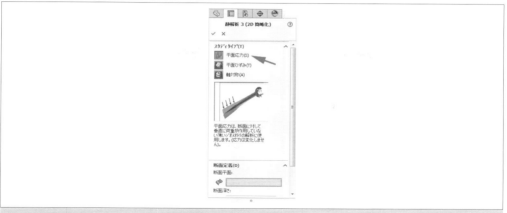

▲ 表示されたメニューから、「平面応力」を選択します。

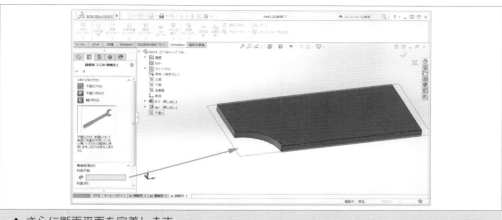

▲ さらに断面平面を定義します。

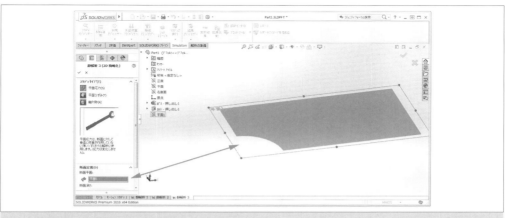

▲ 平面応力要素の解析に使う平面が定義されました。

Chapter 1　基礎編：CAE で 3 次元設計をスキルアップするための基礎知識

▲ 断面の深さを定義します。

▲ 以上で平面応力要素の準備ができました。

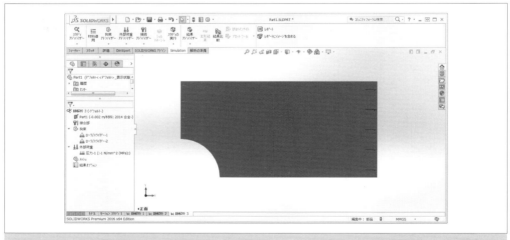

▲ 続いて、拘束条件と荷重条件を定義します。垂直、水平それぞれの中立線上にX方向固定、Y方向固定の拘束条件をつけ、右側の縦のエッジに右方向に引っ張る荷重を定義します。

次のような計算結果が表示されました。

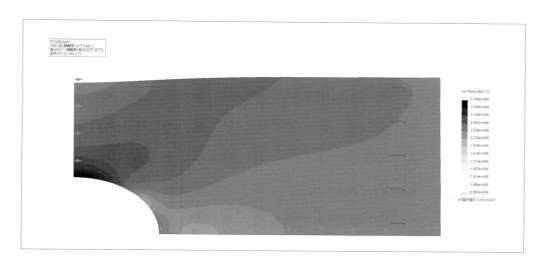

ソリッド要素による3次元での解析と同様の計算結果が出たことがわかります。

この程度の小さなモデルでは、3次元で解析をしてもよほど非力なパソコンでない限り問題はないと思います。しかし、より大きなモデルではそれなりに差が出てきますし、また考えなければならない自由度が1つ減ることで、拘束条件の間違いの確率を減らすことができます。このような板状の形状で平面応力要素を使用する条件が成り立つ場合には是非、その活用を考えてみましょう。

◆ 平面歪み要素

2次元要素には平面歪み要素というものもあります。見た目には平面応力要素も平面歪み要素も違いがありません。しかし、応力と歪みの扱いが異なります。平面応力要素では、厚み方向の応力はゼロという想定をしていました。しかし平面歪み要素の場合には、厚み方向に歪みをゼロと考え、その方向の応力は考慮されるという想定をします。

解析例は省略しますが、**図6.2**のようなある2軸の寸法に対してもう一軸が非常に長い棒のようなものや、堤防の土手などを考えることができます。

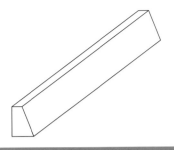

図6.2　平面歪み要素の例

◆ 軸対称要素

　最後に紹介する2次元の要素が軸対称要素です。特に機械部品などは円柱形や円筒形、あるいは円盤やリングなど、形状的に軸対称であって、そこにかかる荷重も軸方向であったり、放射状であるなど軸対称であることが多いと思います。薄い円盤などは平面応力要素などを使用して拘束条件を円筒座標系で定義するといったことが有効かもしれませんが、円柱形などの長いもので軸方向に変形や応力分を見たいという場合には、軸対称要素の活用が有効です。それでは、その使用方法をみてみましょう。

　3次元の要素を使用した解析例（**図6.3**）に示す形状を見てみましょう。まず、軸対称の軸方向と放射方向に軸対称に荷重をかけてみます。

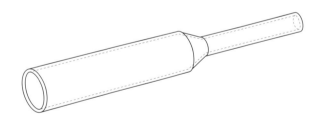

図6.3　軸対称要素の例

　当然、応力や歪みの分布も軸対称になります。つまり、このパーツだけを解析するのであれば、あえて3次元で解析をするよりも、軸対称（2次元）で解析をするほうが効率的ですし、拘束条件や荷重条件の設定も簡単です。

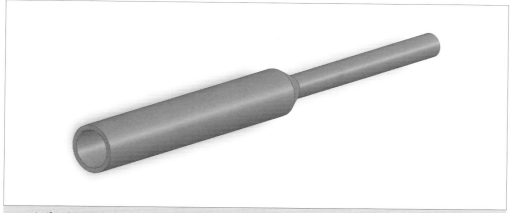

▲ まず、CADで解析すべき形状を用意します。

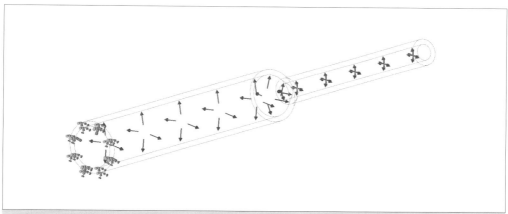

▲ 拘束条件とともに、内圧をかける荷重条件を定義します。

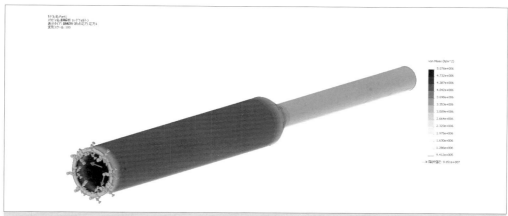

▲ 最大で$5.076 \times 10^6 \text{N/m}^2$のミーゼス応力が発生しています。

それでは、軸対称で解析をしてみましょう。

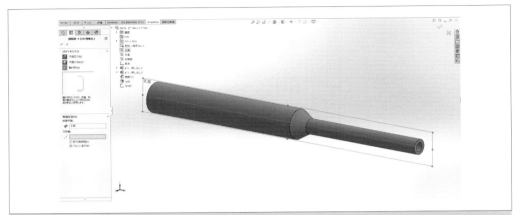

▲ 前の事例で平面応力を指定した画面で、軸対称を指定します。断面平面には正面を指定します。

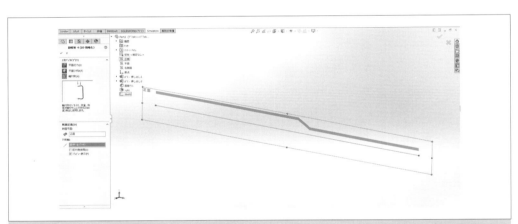

▲ 軸を指定すると、軸対称の際の断面が作成されます。軸はここでは、スケッチを作成しておいて、それを使用しています。

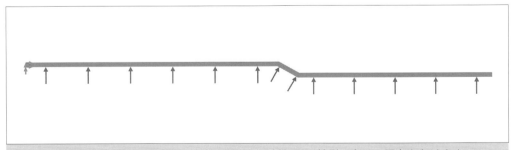

▲ 左端の辺を完全固定し、内側にあたるエッジに対して、外側に向けて圧力をかけます。

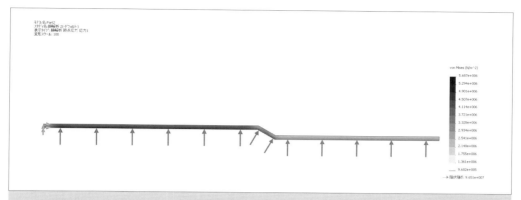

▲ ミーゼス応力の分布です。断面が細いので分布がわかりにくいですが、3次元での解析とほぼ同じ分布です。応力は$5.687×10^6 N/m^2$と若干高めの最大応力が求められましたが、かなり近い値が求められています。

　3Dのモデルよりも若干応力の最大値が大きくなっていますが、これはメッシュの細かさにも依存しているので、実質はかなり近い数字が出ていると考えてよいでしょう。

　このように2次元の要素をうまく使うことで、解析の精度を維持しつつ、より軽く計算を進めることができるのです。

シェル要素の活用

　CADで作った形状をそのまま解析のメッシュにするのではなく、簡略化するためのメッシュは2次元だけでなく、3次元にもあります。それがシェル要素であり、ビーム（梁）要素です。それでは、まずシェルから見ていきましょう。

　実際に製品を設計していると、塊のような形状ではなく板状のものを作ることも多いと思います。そのような板状の形状の解析をする際に便利なのがシェル要素です。

　ここでは詳しいシェルの理論については、説明を省きますが、薄肉の形状に対してシェル要素を上手に使用すれば、計算機のリソースを効率的に使いつつ、充分な精度の計算を行うことができます。ソリッドの要素に対して、設定の手間はかかりますが、板ものを効率的に計算することが可能です。

　ソリッド要素では、実際にCADで作成した板をソリッドとして分割していきます。そのため解析対象が大きくて複雑な場合には、要素数、節点数が増えていきます。例えばどんなに薄い板であっても、形状を表現するためには、全部で8つの頂点が必要になります。しかしシェル要素であれば、4つの頂点で表現できます。このシェル要

素は、板の中立面に作成されます。

　また、シェル要素の場合には、要素の頂点における自由度にも違いがあります。テトラやヘキサのような立体要素の場合には、各頂点が持つ自由度はX、Y、Zの3つの並進成分です。しかしシェル要素では、これに加えてX軸周り、Y軸周りの回転の自由度成分も持っています。これは何を意味するのかというと、ソリッド要素では、荷重しか与えることができなかったのが、モーメントも与えることができるということです。

　例えば、**図6.4**のような単純な板の形状を考えてみます。片方を完全に拘束して片持ち梁状態にします。

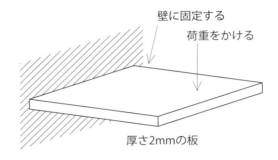

図6.4　薄板の片方の端を完全に固定して、曲げ荷重をかける

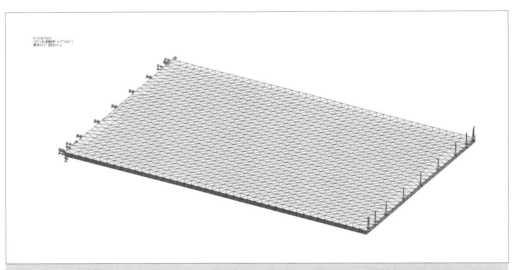

▲ ソリッド要素にメッシュ分割し、左側の端面を全自由度固定、右側の端面に下向きに荷重をかけます。

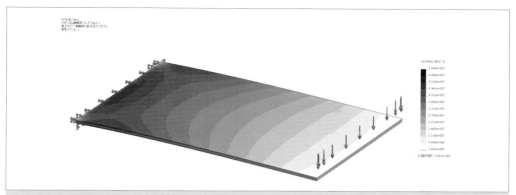

▲ 解析を実行します。固定部分に最大で、$6.609 \times 10^7 \mathrm{N/m^2}$ のミーゼス応力が求められました。

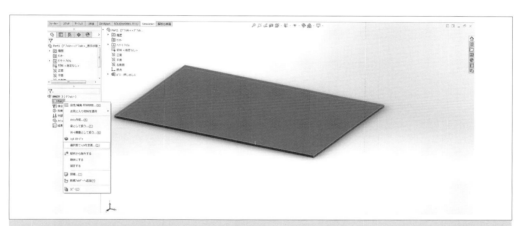

▲ シェル要素の指定は、解析のツリーのトップからマウスの右クリックで、メニューを表示し「選択面でシェルを定義」からシェル要素を作成します。

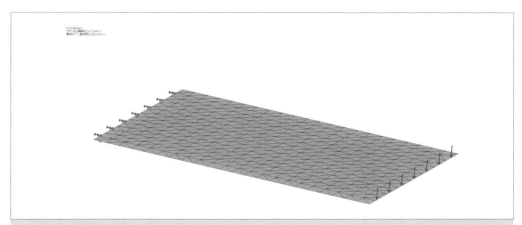

▲ 必要な指定を行うと、シェル要素が定義されました。拘束条件と荷重条件は同じですが、拘束では完全固定なので回転の自由度も拘束します。

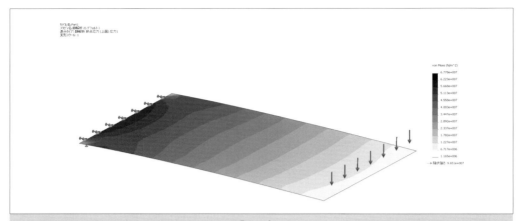

▲ 最大のミーゼス応力値が、$6.770 \times 10^7 \text{N/m}^2$ と、ソリッド要素での解析と比較してほぼ同等の値が求められました。

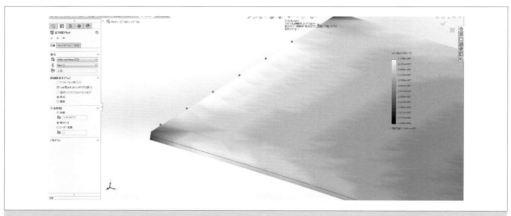

▲ シェル要素の応力図プロットは、中立面、上面、下面が表示できるほか、図のようにシェルの厚みを3Dでレンダリングして、厚みにまたがって線形に補間された結果を表示することもできます。

梁(ビーム)要素とは

　梁要素は、見た目には最も単純な要素です。2つの節点で構成された一本の棒のようなものです。その節点あたりの自由度は、全部で6つあります。X、Y、Zの3つの並進自由度に加えて、X周り、Y周り、Z周りの3つの回転自由度です。扱うことのできる荷重も、引張、圧縮、せん断、曲げ、捻じりと、通常考えられる挙動をほぼ扱うことができます。

つまり、構造としてはかなり簡略されるものの、メッシュをかなり削減しながら、構造の挙動を大まかに確認できるというメリットがあります。特に向いているのはフレームのような構造物ですが、例えば、船1隻、あるいはビル一棟を梁要素で表現して、全体の挙動を確認することができます。非常に効果的な要素です（**図6.5**）。

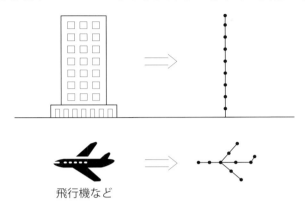

図6.5　建物や飛行機等の構造物を梁に置き換えて計算

　Chapter 2で紹介しますが、フレーム構造の装置台の解析なども、3D CADで設計した構造そのものに対して無理に忠実にソリッドのメッシュを貼るよりも、梁要素で構成したほうが効率的な解析ができます。それでは、ソリッド要素での解析と比較しましょう。

◆ ソリッド要素での解析

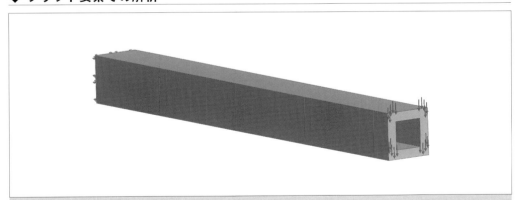

▲ このような四角い中空の棒を片持ち梁として片方を完全に固定し、もう一方の端は下向きに100Nの荷重をかけます。

▲ 応力は固定部分の上下のエッジ近傍に、$7.169 \times 10^7 \text{N/m}^2$ の応力が確認されました。

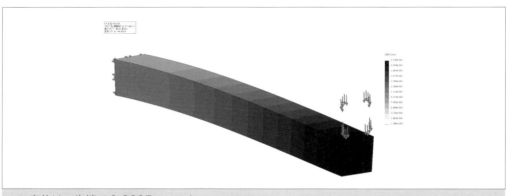

▲ 変位は、先端で0.2235mmです。

◆ 梁要素での解析

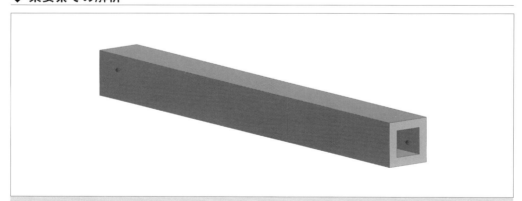

▲ 今度は梁要素で解析をしてみます。梁要素でジョイントに対して拘束条件や荷重条件をかけます。拘束条件の場合にも、荷重条件の場合にも、並進、回転、それぞれを考慮可能です。荷重条件の回転の自由度の場合には、モーメントをかけることになります。ここでは、付け根を全6自由度拘束、先端に下向きに100Nの荷重をかけます。

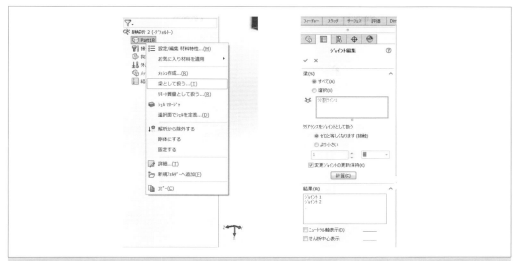

▲ なお、梁の指定は、解析ツリーのトップ（ここではPart1）を右クリックしてメニューを表示し「梁として扱う」を選択します。すべてを梁として、ジョイントを両端に定義します。

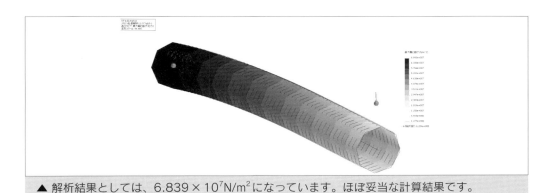

▲ 解析結果としては、$6.839 \times 10^7 \mathrm{N/m^2}$になっています。ほぼ妥当な計算結果です。

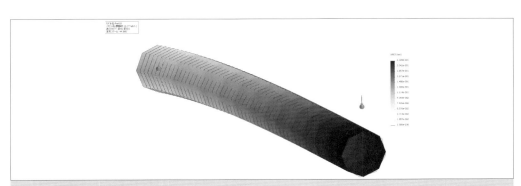

▲ 変位量は、0.2228mmとほぼ同等の変位になっています。SOLIDWORKSではビームの解析結果はこのような円筒状の形状で表示されます。

この程度の簡単なモデルでは、ソリッド要素でメッシュを切ったとしても、それほど計算機に対して負担にはならないでしょう。しかし、もっと複雑な形状であったとしたらどうでしょうか。構造の挙動は、ディテールの部分を詳しく確認しなければならないことがある一方で、構造物全体の挙動をまず確認するということも重要です。比較的小さなモデルであれば、CADのジオメトリからソリッドのメッシュを貼ってしまうことで両方を満たすことができるでしょう。前述したように応力が集中する領域では細かくメッシュを切り、そうでないところは粗くメッシュを切ることも可能です。

　しかし、構造物が巨大かつ複雑であれば、それも現実的ではないですし、また計算することができたとしても時間のかかる解析になるので、効率的ではないというよりもかなり無駄な作業になってしまいます。

　そこで、モデル自体をシェル要素や梁要素で表せるように簡略化することに意味がでてくるのです。

7 様々な応力軽減手段

　構造解析を行う最も大きな理由の一つが、パーツに発生する応力への対処であることは間違いないでしょう。荷重がかかればパーツに応力や歪みが発生します。その荷重が過剰であると、そのパーツは破損してしまったり、恒久的な変形（塑性変形）をすることになります。

　応力が発生する理由の一つは、荷重が載荷されたことにより発生します。荷重には機械的な荷重とともに熱による荷重もありますが、ここでは機械的な荷重のみを考えます。

　もう一つは、強制変位によるものです。強制変位は、そのパーツに直接的に荷重がかかるのではなくて、外部からの働きかけを、パーツのある領域の変位という形で与えられます。

　パーツが変形してそこに応力が発生するということは同様ですが、対処のやり方が変わってきます。対応策を間違えると思うように応力を軽減することができません。

　まず、直接的な荷重の載荷が原因となる応力の発生への対処を考えてみましょう。

ケース1：力には剛性で対抗　その1

　本ケースでは、パーツに曲げの力を加えてみます。次の図（**図7.1**）に、曲げの力がかかることを考えてみましょう。

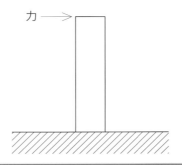

図7.1　片持ち梁の長手方向に垂直荷重をかける

このようなケースでは、直感的に曲げ応力が発生すると考えられます。
　ここで示しているような単純な棒のような形状であれば材料力学の式からも手計算

でも確認できますが、あえてSOLIDWORKSで計算を進めてみます。

ここでは、10mm×10mmの断面で高さ100mmの四角い棒を作成し、底面を完全に固定、最上面にプラスのX方向に200Nの力をかけます。この底面の留め方では、厳密には理論値と合いませんが、あくまでも傾向を見るので、そのままにしておきます。材料はアルミの2014合金を設定します。

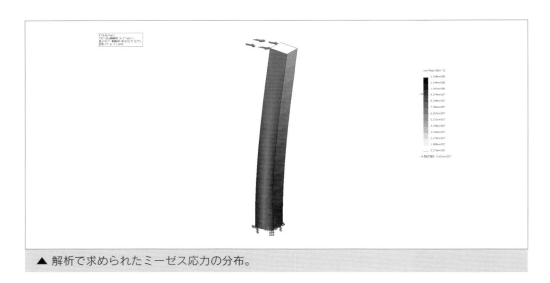

▲ 解析で求められたミーゼス応力の分布。

単純な線形の応力解析を設定したので、結果はすぐに出ます。解析の結果によると、$1.248×10^8 N/m^2$ の von Mises 相当応力が発生しています。2014合金の降伏応力は、$9.651×10^7 N/m^2$ ですから、この状況ではこの棒は付け根の部分に過剰な応力が発生

して塑性変形してしまいます。

さて、これに対してはどのように対応したら良いでしょうか？

◆ 解決策

材料の変更は有効か？

最初に直感的に考えるのは、「材料を固くしたら？」ということです。では、アルミから鉄の合金鋼に変更することは有効なのでしょうか。つまり、形は変更しないで材料をより高い剛性のものに変えてはどうか、ということです。アルミの2014合金のヤング率は$7.3 \times 10^{10} \text{N/m}^2$であるのに対して、合金鋼では$2.1 \times 10^{11} \text{N/m}^2$ですから、材料としてはかなり剛性が増しています。

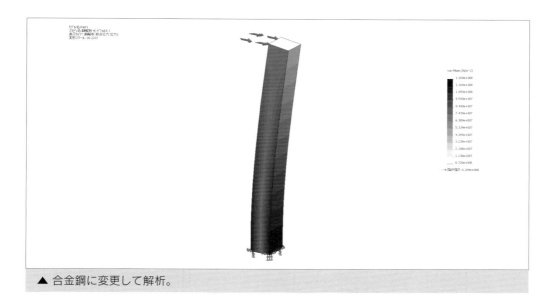

▲ 合金鋼に変更して解析。

ここで着目したいのは、アルミの場合の最大のミーゼス応力は、計算誤差が若干あるものの、合金鋼の$1.269 \times 10^8 \text{N/m}^2$と実質変わっていないことです。前述したように、材料物性は荷重がかかっている際の応力には影響しません。したがって、応力軽減にはつながっていません。

ただし、剛性が上がったことで、変位量は小さくなっています。さらに降伏応力が高いので、塑性変形を避けることにはつながっています。

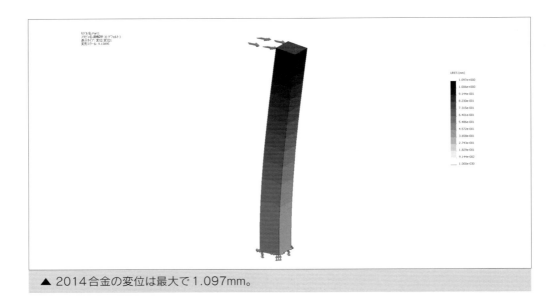

▲ 2014合金の変位は最大で1.097mm。

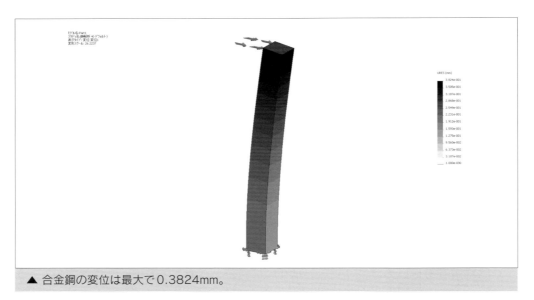

▲ 合金鋼の変位は最大で0.3824mm。

とはいえ、物性が大きく異なる材料を使用することは考えられない、ということも多いと思います。そこで、形状の変更を考えてみます。改めて、曲げの際の応力を求める式を考えてみます。

$$\sigma = \frac{M}{Z}$$

曲げモーメントのMは荷重と距離で計算できます。また、断面係数のZは、断面

の形状によってのみ決定され、断面2次モーメントのIとの関係は計算式で定義されています。

　式を見てみれば、断面係数のZ、または断面2次モーメントのIを大きくすれば、応力は小さくなります。

　そこで、断面係数を大きくする方向で変更を考えてみましょう。

　今回は、断面積を10mm×10mmの正方形から10mm×20mmの長方形に変更します。力は断面の長い辺に沿ってかかります。

　断面係数は次のように表されますので、一気に大きくなることがわかります。

$$Z = \frac{bh^2}{6} = \frac{10 \times 20^2}{6} = 666.67$$

（最初のモデルのZは、166.67）

　再度、SOLIDWORKSに計算をさせてみましょう。

▲ $3.657 \times 10^7 \mathrm{N/m^2}$ と応力が、かなり小さくなっていることがわかります。

応力は $3.657 \times 10^7 \mathrm{N/m^2}$ と大きく下がっています。変位も0.14mmと元の1/5以下の変位量にまで小さくなっています。

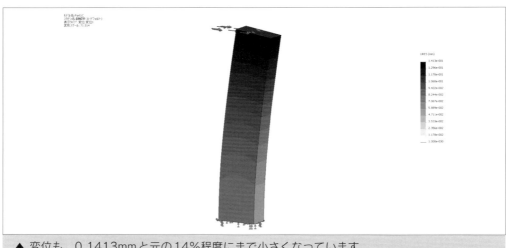

▲ 変位も、0.1413mmと元の14％程度にまで小さくなっています。

このことから、断面係数の変更が、応力の軽減に大きく貢献することがわかります。

でも、このケースのように縦に長くするだけでは、パーツ自体も重たくなってしまいます。そこで、今度はH鋼のような形を考えてみます。

全体の縦横の長さは先ほどと同じですが、両脇をえぐってHの形にしてあります。

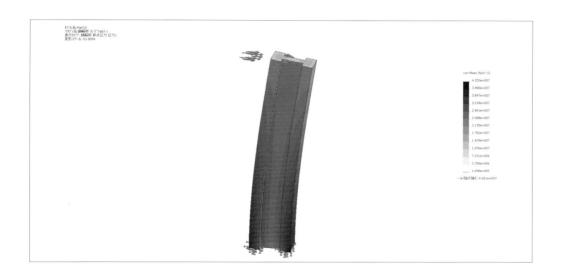

断面積が先ほどよりも小さくなり、剛性が少し弱くなっているものの、最大の応力値は、$4.253 \times 10^7 \mathrm{N/m^2}$ と降伏応力の半分程度に収まっています。

▲ 変位量は0.1583mmとそれほど変わっていません。

　変位は先ほどのケースよりも若干大きい程度です。建築の現場などでは、H鋼がよく使われていますが、その理由は、H鋼を使うことで必要な材料の量を少なくし、重さを軽減しながら荷重に対しての剛性があるから、ということがわかります。

　もう一つ中身の詰まった円柱と中空の円筒の比較のような単純な例で考えてみましょう。断面積と高さはどちらも同じで、荷重も同じで、断面係数のみが違うというものです。

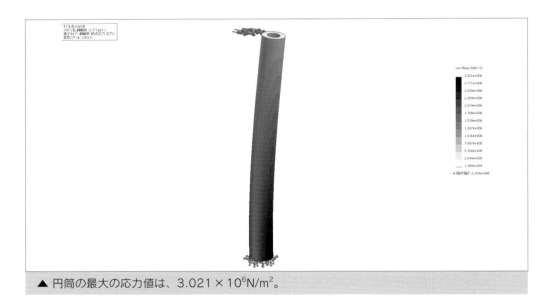

▲ 円筒の最大の応力値は、$3.021 \times 10^6 \text{N/m}^2$。

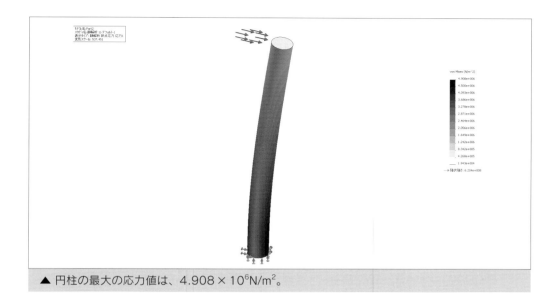

▲ 円柱の最大の応力値は、$4.908 \times 10^6 \text{N/m}^2$。

ひと目見てわかるように、最大の応力値が半分程度になっています。

この程度の問題は手計算でも充分にわかる話ともいえますが、実際の問題はもう少し複雑で、断面係数を手で求めることも難しいと思います。だからこそ、CAEによって、断面を変えながら結果を確認し、設計に反映していくことが有効であることがわかります。

ケース2：力には剛性で対抗　その2

もう少し本当にありそうな形を考えてみたいと思います。ここでは、洋服のハンガーのフックを例にとります（**図7.2**）。生地が重たくて、たっぷりと水分を含んでいる服を掛ければかなり重たいものになります。

図7.2　洗濯物のハンガーのフック

　下の服をかける部分に繋がるところを固定し、物干し竿にかける部分に荷重をかけるという設定にします。湿ったシャツは、その素材にもよりますが、大体300gくらいと仮定して、3Nの荷重を載荷することにします。

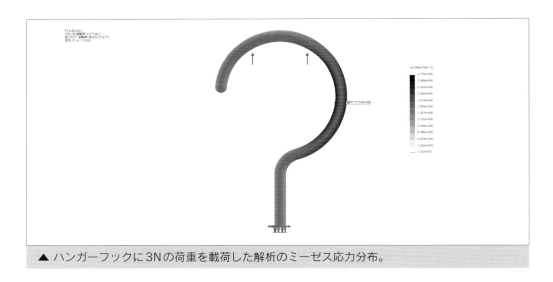

▲ ハンガーフックに3Nの荷重を載荷した解析のミーゼス応力分布。

　解析結果を見ると、最大の相当応力は$2.716 \times 10^6 \text{N/m}^2$となっています。あらかじめ用意されているABSの材料物性では、引張強度は$30 \times 10^6 \text{N/m}^2$と定義されているので、特に大きな問題はなさそうです。

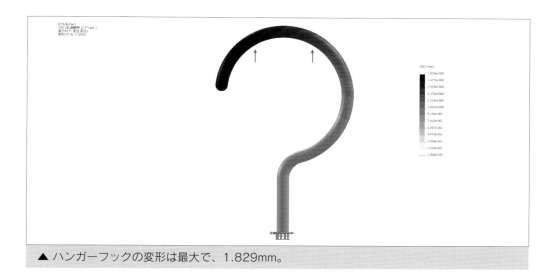

▲ ハンガーフックの変形は最大で、1.829mm。

とはいえ、変形は2mm近くあるようなので、少し状況を改善してみたいと思います。

改善方法は、曲げ方向への剛性を、断面係数を大きくすることによって増やすことです。そこで、次の図のように外側にリブのような形状をつけてみます。

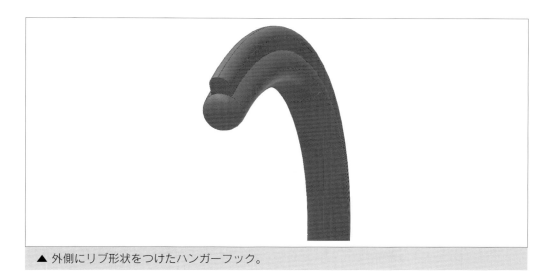

▲ 外側にリブ形状をつけたハンガーフック。

同じ荷重条件で解析したところ、最大のミーゼス応力は、$1.348 \times 10^6 \text{N/m}^2$ とほぼ半減しています。

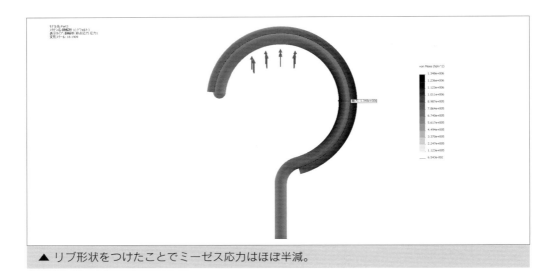

▲ リブ形状をつけたことでミーゼス応力はほぼ半減。

また、変位も約0.76mmとかなり小さくなっていることがわかります。

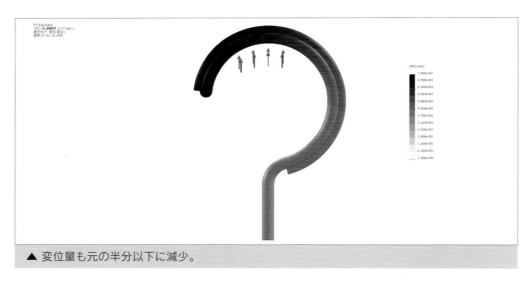

▲ 変位量も元の半分以下に減少。

　このリブはもう少し幅が狭くても大丈夫そうです。高さは変わりませんが、より幅の狭いリブに変更してみます。

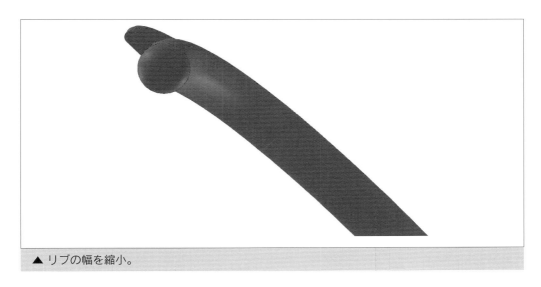
▲ リブの幅を縮小。

応力は、$1.794 \times 10^6 \mathrm{N/m^2}$ と若干上昇はしていますが、十分許容の範囲内で、当初のモデルよりは低い応力値に抑えられています。

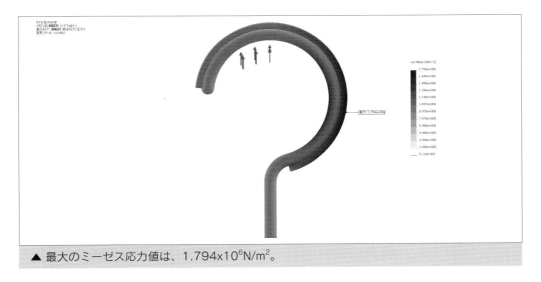
▲ 最大のミーゼス応力値は、$1.794 \times 10^6 \mathrm{N/m^2}$。

さらに変位量も少し大きくなってはいるものの、0.9976mmと元のモデルと比較すると50％強に抑えられており、充分に剛性が確保できていることがわかります。

Chapter 1　基礎編：CAEで３次元設計をスキルアップするための基礎知識

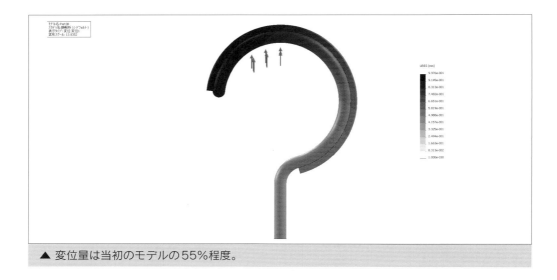

▲ 変位量は当初のモデルの55％程度。

ケース３：強制変位にはしなやかさで対抗　その１

◆ 強制変位で発生する問題への対応

　応力は、荷重に起因するものが多々ある一方で、強制変位によるものも少なくありません。様々な機械部品は、何らかの形で組み合わされています。実際、お互いに嵌め合う部分、位置決めボスなど強制変位がかかるというものは珍しくありません。あるいは、バネ的に動作するようなパーツも、最初からある程度バネがきいた状態が初期状態で、実際に使用される時には、さらにそこから押し込まれて大きく変形するなどということがあります。つまり、通常そのパーツが使用されている標準の状態が、すでに変形している状態、というわけです。変形しているわけですから、すでに応力も発生している状態になります。

　ここで過剰に応力が発生している状態であれば、何らかの対応を取る必要があります。最初から過剰な応力が発生していれば、さらにそこに荷重がかかった場合は壊れてしまうことにもつながりかねませんし、かと言って硬すぎれば普通の力では押し込めません。

　一見すると、荷重の問題への対応と同じで良いのではと考えがちですが、実際には剛性を上げると結果は悪化していく傾向にあり、対策をとったつもりが逆に悪くなってしまったということになります。ここでは簡単な問題を解析しながら、その様子を確認していきます。

ケース1と同じ垂直に立っている片持ち梁のような形状（**図7.3**）ですが、棒の長手方向と垂直に荷重をかける代わりに先に、強制変位を与えます。

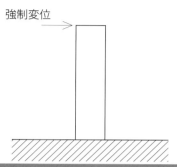

図7.3　片持ち梁の端面に棒の長手方向と垂直に強制変位を与えます。

パーツの形状自体は、10mm×10mmの断面積に高さ100mmの角棒と、ケース1と変わらず、底面も完全に固定されています。この先端の面にプラスのX方向に1mmの強制変位をかけます。材料も同じアルミの2014合金を使用します。

　解析の結果、$1.141 \times 10^8 \text{N/m}^2$ の相当応力が発生しています。これは、2014合金の降伏応力である $9.513 \times 10^7 \text{N/m}^2$ を超えているので、このままでは塑性してしまいます。このままでは用を果たさないので何らかの応力軽減策を講じる必要があります。

◆ 断面係数を大きくしてみたら

　最初に、あえて荷重の場合の対策と同じ手段を講じてみます。荷重の方向に長さを2倍（面積も2倍）にしているので断面係数も大きくなっています。これは対荷重の場合、有効な方法でしたが、強制変位でも試してみます。

しかし、実際に解析をしてみると、相当応力は$2.583 \times 10^8 \mathrm{Nm}^2$ですから、状況は改善するどころか、相当に悪化しています。

対荷重の時と同じ対策を取ることは、問題の解決になるどころか、むしろ悪化させる結果になるということがわかります。つまり、このオプションは対策としては誤りであったことがわかります。

◆ 断面係数を小さくしてみたら

次に真逆の対応を考えてみます。具体的に言えば、断面係数を小さくして、剛性を低下させます。なお、この際に断面積は元と同じ（つまり、棒の体積自体は同じ）とします。

この対策では、荷重方向の厚みは5mm、横方向に20mmとして、断面積は最初のモデルと同じ100mm²にします。

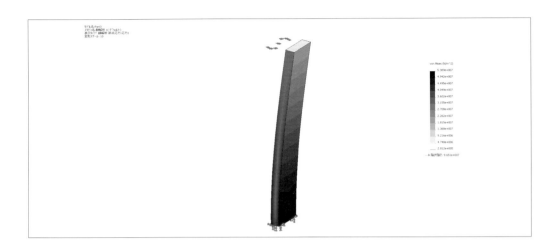

　最大のミーゼス応力の大きさが、$5.389 \times 10^7 \mathrm{N/m^2}$ と降伏応力をかなり下回りました。つまり、この対策が有効であったことがわかります。

ケース４：強制変位にはしなやかさで対抗　その２

　別のケースを見てみましょう。

　L字型の丸い棒を考えてみます。床に接する断面を完全に固定し、上部のL字型の端面に強制変異をかけます。

　1mmの強制変位をかけた時のミーゼス応力の結果ですが、最大値が1.924×10^8N/m^2と降伏応力の2倍になっていることがわかります。

　この問題の解消はどのように進めたら良いでしょうか？先ほどの問題への対処からわかるのは、剛性を上げることは、むしろ悪化につながるということです。

　ここでは、L字にカーブしている部分から下にかけての太さを単純に細くしてみました。

　L字の折れ曲がっている部分に発生している最大の応力値が$8.853 \times 10^7 \text{N/m}^2$と、今度は降伏応力の値を下回っていることがわかります。

ケース5：応力の流れを断ち切る

　樹脂製の筐体などを作る際に、ボスやリブなどはよく使用されるフィーチャーですが、これらのフィーチャーは作り方次第で、周囲の形状に大きな影響を与えてしまうことがあります。問題が起きた時には、その影響を回避する方法を考える必要があります。

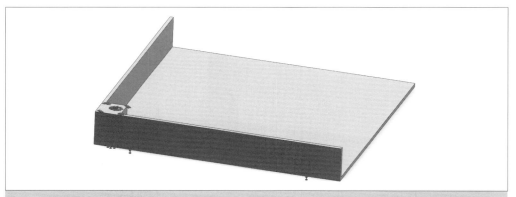

▲ これはボスを壁面に直付にしたような形状です。便宜的に底面を固定してボスの上面部分に強制変位を与えています。射出成形の製造性を考えても、推奨できない形状ですが、まずは、このまま解析を進めてみます。

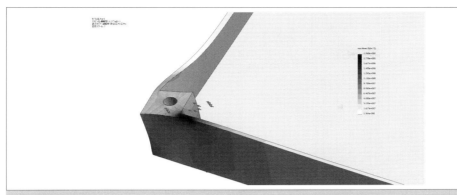

▲ ボスに強制変位をかけた結果、$1.940 \times 10^8 \text{N/m}^2$ という大きな応力が壁面に発生していることがわかります。そこで、ボスの形状や位置を変えて、その影響が筐体に及ばないようにしてみたいと思います。

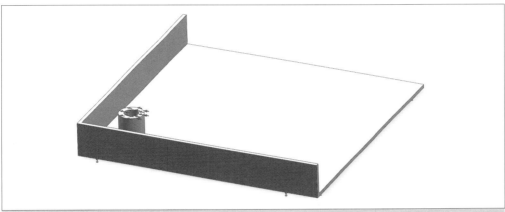

▲ 少し壁面から離した位置にボスを立ててみます。リブなどは特に作りません。

▲ 発生している応力が、$6.823 \times 10^7 \text{N/m}^2$ と約 1/3 程度になり、筐体への影響も避けられました。

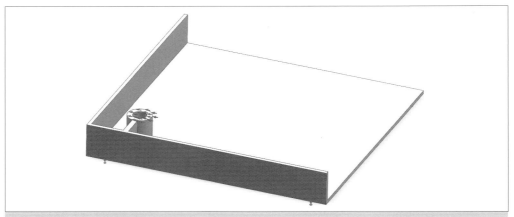

▲ その後かかる荷重などを考えてリブなどが必要な場合を考えてみましょう。このように側面に向けてリブを立ててみたらどうなるでしょうか。

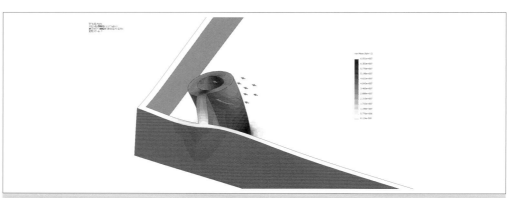

▲ $6.931 \times 10^7 \text{N/m}^2$ とそれほど大きくはなっていません。これは荷重方向に対してそれほど断面２次モーメントが大きくなっておらず、剛性も上がっていないことによります。

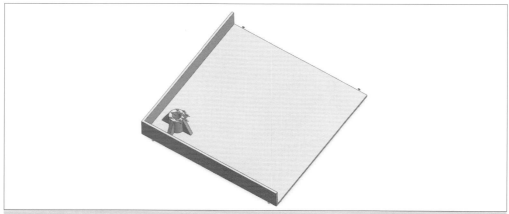

▲ 今度は様々な方向からの荷重に耐える剛性を考慮して、４方向にリブを立てました。

▲ 剛性が上がったため、$9.239 \times 10^7 \mathrm{N/m^2}$と応力は高くなりましたが、それでも当初の応力値の半分以下です。さらに、筐体本体への影響も避けることができています。ボスやリブの立て方は、射出成形の際の成形性にも影響を与えますが、同時にその配置が筐体全体へ影響を与えることがわかります。

ケース6：力には力で対抗　その1

　ケース1では、ミーゼスの相当応力が高くなってしまった時に剛性を高くして対応する、具体的には、断面係数を大きくするという方法で対処しました。しかし、対応方法はそれだけではありません。そこで、このケースではミーゼスの相当応力そのものについて着目した対処法を考えてみたいと思います。

　応力には様々なものがあり、何に着目するかで確認したい応力が変わることは前述しました。

　一般に金属をパーツの材料として用いる場合には、応力値としてミーゼス応力を用いることが普通です。応力歪み曲線を描き、その材料が塑性してしまう降伏応力など、ミーゼス応力が金属の挙動をほぼ適切に表していると考えられます。

　ここで改めてミーゼス応力について詳しく見ていきたいと思います。これを理解すれば、なぜこのケースのタイトル「力には力で対抗」が成り立つのかがわかります。

　ミーゼス応力とは、言葉で表現すれば、様々な方向から複合的に載荷された時の応力場において、それを一軸の応力に相当するようにした値といえます。ミーゼス応力に着目することで、多方向の応力値を確認する必要がありません。ただ、下記の式からわかる通り、数値はスカラー値であり、必ず正の値になるので、引張りの応力なのか圧縮の応力なのかは、数値だけはわかりません。

前述した通り、ミーゼス応力は下記の式から求めることができます。

$$\sigma_{vm} = \sqrt{\frac{1}{2}\left\{(\sigma 1 - \sigma 2)^2 + (\sigma 2 - \sigma 3)^2 + (\sigma 3 - \sigma 1)^2\right\}}$$

σ1、σ2、σ3はそれぞれ、最大、中間、最小の主応力の値です。この式では、主応力からミーゼス応力を求めていますが、もちろん応力の各成分から求めることもできます。

$$\sigma_{vm} = \sqrt{\frac{1}{2}\left\{(\sigma_{xx} - \sigma_{yy})^2 + (\sigma_{yy} - \sigma_{zz})^2 + (\sigma_{zz} - \sigma_{xx})^2 + 3(\tau_{xy}^2 + \tau_{xz}^2 + \tau_{yx}^2 + \tau_{yz}^2 + \tau_{zx}^2 + \tau_{zy}^2)\right\}}$$

これらの式から直感的にもわかるのが、荷重を多方向からかけることができれば、場合によってはミーゼス応力値を低下させることができるのではないか、ということです。それでは、SOLIDWORKSを使って確認してみます。まず、**図7.4**のように、単純な四角い板を上下から引っ張ってみます。

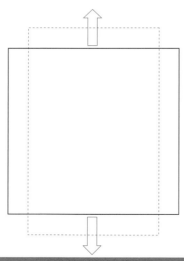

図7.4　四角い板を上下に引っ張る

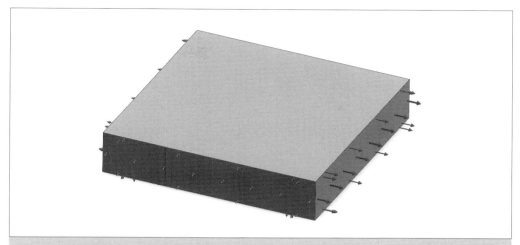

▲ ただし、解析自体は対称条件を利用して右上の1/4だけを解析します。大きさはこの1/4のモデルで縦横がそれぞれ50mm、高さは10mmです。これに、100Nの荷重をかけて引っ張ります。

▲ ミーゼス応力値は、ほぼ$2×10^5 N/m^2$で一様です。もちろん、これ自体は降伏応力値よりも小さい値ですから問題のあるものではありませんが、ここではさらにこの応力値を小さくしたいと思います。

　ここで、応力の各成分を「応力、変位、歪みリスト表示」というメニューから確認したいと思います。SOLIDWORKSでは応力の各成分を「応力、変位、歪みリスト表示」というメニューから確認できます。

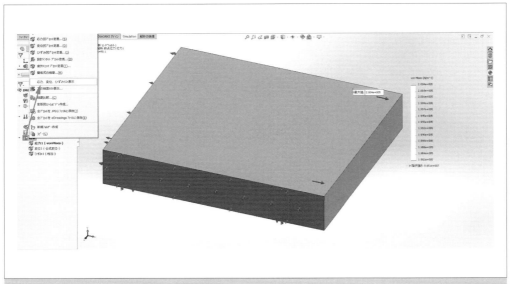

▲ メニューを呼び出し応力の各成分を確認。

ツリーの「結果」をマウスで右クリックして、表示されるメニューの中から「応力、変位、ひずみリスト表示」をクリックします。

▲ 応力は全体を通してほぼ一様であるため、ここでは任意に要素番号の中心の応力値を確認します。

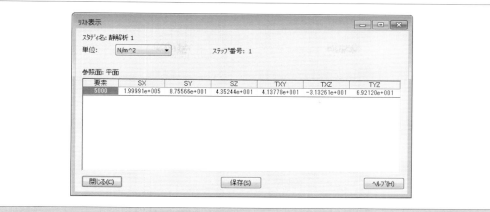

▲ 応力の各テンソルの成分が表示されます。なお、成分のオプションとしては、主応力などを求めることもできます。

ここで応力の各成分は、**表7.1**のようになります。

σ_x	199991	
σ_y	87.5566	
σ_z	43.5244	
τ_{xy}	41.3778	
τ_{xz}	−31.3261	
τ_{yz}	69.212	（単位はそれぞれN/m²）

表7.1　応力の各成分

　σ_y以外の値は、無視して良いくらい小さいことがわかりますが、このまま、これらの数値をp102の式に代入してミーゼス応力を計算してみましょう。

　わざわざ計算するまでもなく、ほぼ、σ_yの2乗×2×1/2の平方根ですから、ミーゼス値もほぼσ_yと同じような値になります。そもそも一軸の荷重の条件なので、当然と言えば当然です。実際、解析で求める値もそのようになっています。

　さて、形状を変えることなく、応力を小さくするにはどうしたら良いでしょうか。

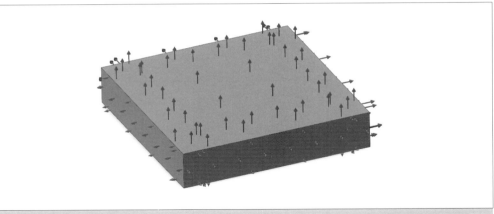

▲ このように、X方向、Z方向に対しても荷重をかけてみることにしました。X方向に対しては100N、Z方向に対しては500Nです。

これを解析してみた結果は、以下のようになります。

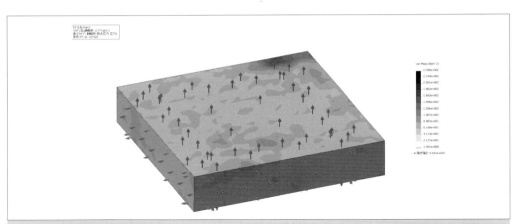

▲ ここで着目したいのは応力のオーダーで、コンターのバンドの最高値でも約240Nと3桁もオーダーが小さくなっていることがわかります。

当初のミーゼス応力値から比較すると、オーダーが3桁も違っていますので、ほぼ応力を解消してしまったと言ってもよいでしょう。

各応力のコンポーネントを見てみましょう。

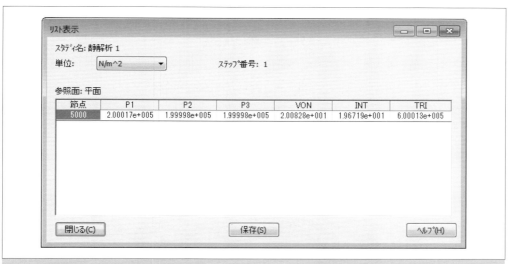

▲ これが今回の応力の各成分です。前回との違いは、σxとσzの値が大きくなっているということ。具体的にはσyとほぼ同じ値になっています。当然と言えば当然で、$\sigma = P/A$ですから、今回の荷重もそのくらいになるようにしているからです。

▲ この要素のミーゼス応力値は、約$200N/m^2$になっています。今回はある程度のせん断の成分なども計算されているので、このオーダーの数値が出てきていますが、当初から比べれば実質ゼロに近いところまで応力値を下げることができていると考えることができます。

このように普段何気なく使っているミーゼス応力とは何か、どのように計算されているのかがわかれば、応力の低減に荷重の組み合わせで対応することができることがわかります。

ケース7：力には力で対抗　その2

　先程のケースをふまえて、別のケースを考えてみましょう。今度は、**図7.5**のようなリングに、内側から荷重をかけてみます。

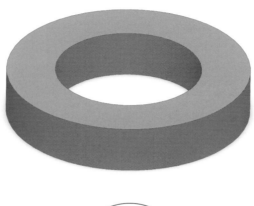

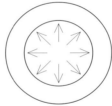

図7.5　リングの内側から荷重をかける

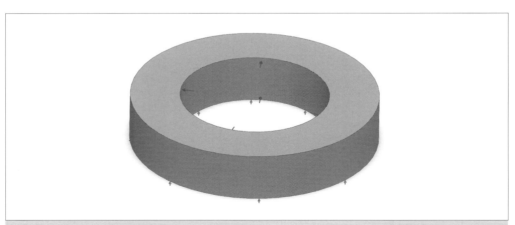

▲ 下面を固定し、材料は2014合金を指定します。

拘束条件は、リングの下面にローラーの拘束条件のみをつけます。しかし、このままでは若干問題があります。すでに拘束条件について理解した人であれば疑問に思うかもしれません。

　なぜなら、これでは上下方向には固定されていますが、水平方向にはまったく固定されていないため、剛体運動を起こしてしまう状態できちんと計算ができません。しかし、その一方で、リングには放射方向に力がかかるため、その方向には自由に動いてもらう必要があります。そこで、このリング全体を結果に影響しないような極々弱いバネでつないでやります。

　解析のツリーのトップを右クリックしてメニューを出し、その中のプロパティをクリックすると以下のようなメニューが現れます。

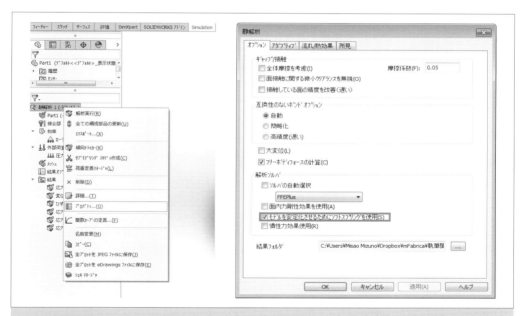

▲ この中の「モデルを安定化させるためにソフトスプリングを使う」に選択を入れておきます。これでも荷重条件によっては、特に接触があったり、変形が大きい場合などうまく計算が収束しない場合もありますが、基本的にこうすることで計算が進みやすくなります。

Chapter 1　基礎編：CAEで3次元設計をスキルアップするための基礎知識　**109**

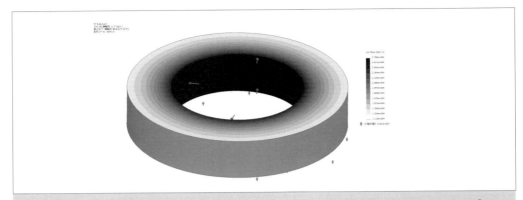

▲ リングの内側に、10.000N/m²の圧力をかけたところ、一番内側に2.780×10^4N/m²、一番外側に1.115×10^4N/m²のミーゼス応力が得られました。これらの値は降伏応力の9.651×10^7N/m²よりも充分に小さな値で問題がありませんが、これらの値をさらに小さくしてみます。

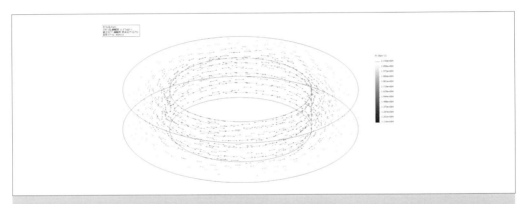

▲ 主応力をベクトル表示でみると円周方向に最大主応力が発生していることがわかります。ベクトルプロットは後述しますが、ここではツリーの最大主応力をマウスで右クリックして表示されるメニューから、定義編集を選び、さらにその中の詳細設定オプションの中にある「ベクトルプロット表示」にチェックマークを入れれば表示を変更できます。

ここでの対策は力に対しては力ですから、外側から逆方向に荷重をかけてみます。**図7.6**のように、外側から同じ大きさの圧力をかけてみます。

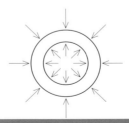

図7.6 リングの内側と外側から荷重をかける

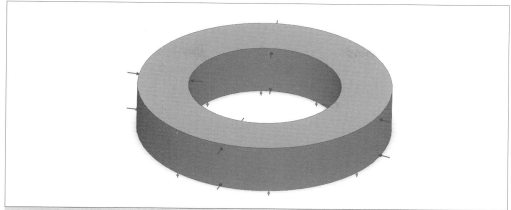

▲ 外側から内側にかかっている圧力と同じ圧力の10,000N/m²をかけてみることにしました。

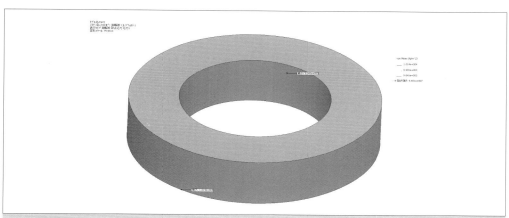

▲ 期待通りに応力は軽減し、$1 \times 10^4 \mathrm{N/m^2}$の応力がほぼ一様に分布していることがわかります。

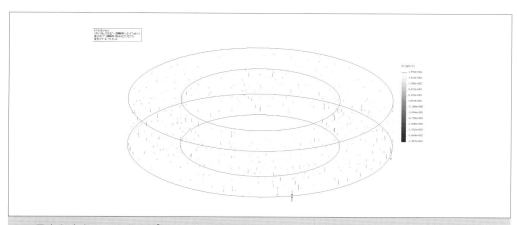

▲ 最大主応力のベクトルプロットを確認すると、円周方向の大きな主応力はほぼなくなっていることがわかります。

ところで、改めてミーゼス応力と主応力の関係を振り返ります。

$$\sigma_{vm} = \sqrt{\frac{1}{2}\left\{(\sigma 1-\sigma 2)^2+(\sigma 2-\sigma 3)^2+(\sigma 3-\sigma 1)^2\right\}}$$

つまり、この数式の中でミーゼス応力が最低になるような別の荷重のかけ方を考えてみます。元々10,000N/m²の圧力がかかっているので、それはあらかじめ考慮しておく必要があります。

外側から同じ圧力をかけた時には、ほぼ純粋に一軸で引っ張っているのと等価な数値の応力が計算されました。このケースでは同じ節点で主応力を出してみましたが、最大中間主応力と最低主応力のあたりがほぼ同じになっています。上記の式に当てはめれば、結果としてこのようなミーゼス応力になることが納得できます。

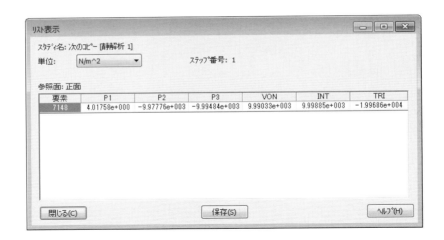

ケース8：応力集中には形状で対抗

　応力の絶対値を下げることも重要ですが、どこか特定の場所に応力が集中してしまわないようにすることも同様に重要です。応力低減とともに、応力集中が解消できたら、設計上起こり得る（つまり壊れてしまうかもしれない）問題のかなりに対応できるでしょう。

◆ 鋭角や小さなRをなくそう　その1

ものを作っていれば、「角」というものが必ず存在します。実際、角を上手く使えば、そのパーツの形を格好よくシャープなイメージを与えることもできる、非常に効果的なものですが、その一方で特に力のかかるパーツなどにとっては、トラブルを与えることの多い厄介なものにもなり得ます。それでは、実例を見ていきましょう。

比較的わかりやすい例として、**図7.8**のようなL字型の金具を考えてみたいと思います。

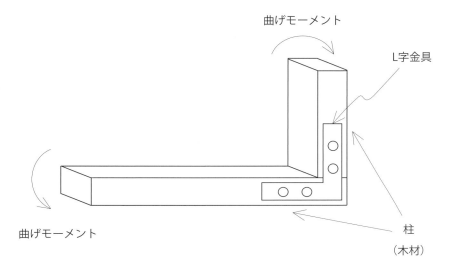

図7.8　L字金具

▲ このようなL字型の金具をモデリングします。

◆ オリジナル形状での解析

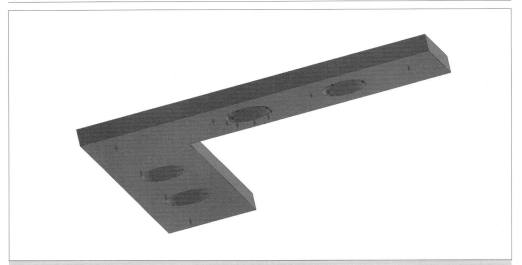

▲ 境界条件は、下面にローラーを定義してZ方向を固定します。左側の2つの穴については、円の放射方向に固定、右側の2つの穴については、両方の穴の側面に向かって手前方向に500Nの荷重をかける設定にします。

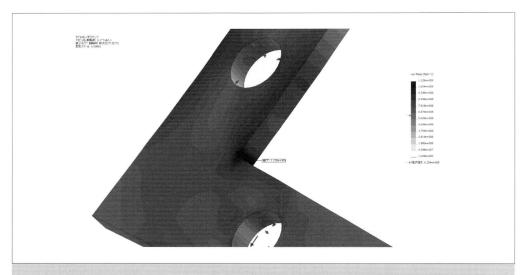

▲ 最初の形状での解析の結果を示します。L字金具全体としての応力はそれほど高くはないのですが、一部、$1.128 \times 10^9 N/m^2$ とかなり大きく降伏応力を超えてしまっているような箇所があることがわかります。容易に想像がつく通り、L字型の内側の角付近に応力集中が生じています。このままでは、この付近からクラックが入って、割れてしまうことが想像されますので対処が必要です。

◆ 応力集中を避けるためにRを角につける

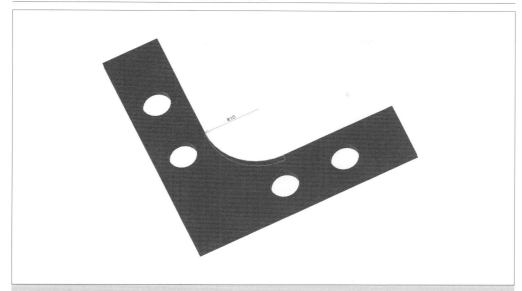

▲ 応力集中の有効な緩和手段が、この角にRを付けることです。今回は試しに、R10でフィレットをかけてみます。

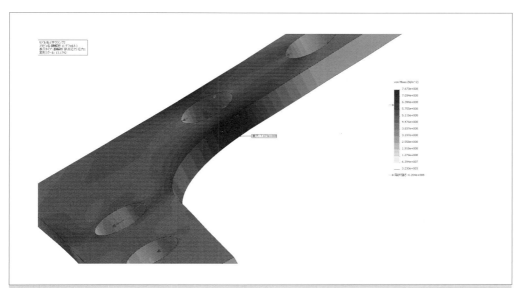

▲ ちょうどRから直線になるあたりに応力が集まっていますが、一点に集中するのではなく、もう少し応力が広い範囲になっています。

Chapter 1　基礎編：CAEで3次元設計をスキルアップするための基礎知識

◆ さらにRを大きくしてみる

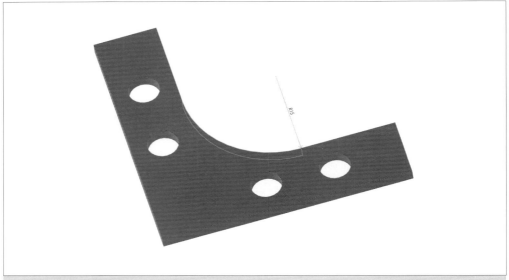

▲ さらにRを大きくして、15mmにしてみました。

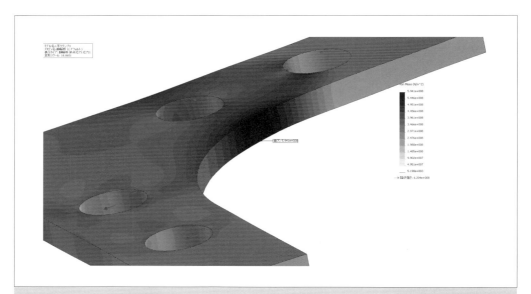

▲ 今度は降伏応力以下のミーゼス応力値の$5.941 \times 10^8 \text{N/m}^2$になっています。応力の分布の様子はそれほど大きく違っているわけではありませんが、このような形で応力を緩和できることがわかります。しかし、ここまでRを大きく取れないという場合があるかもしれません。そこで別の方法を考えてみます。

◆ 縁取りをつけてみる

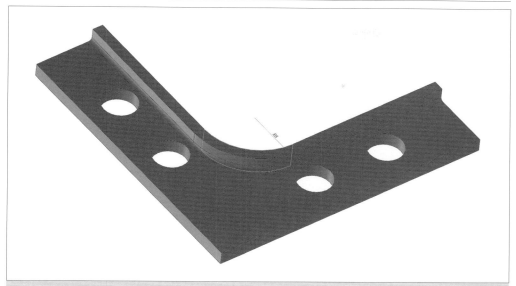

▲ 今度は、Rは8程度にしていますが、高さ2mm程度の縁取りを入れてみました。別の項で説明した、断面係数を大きくすることで剛性を高めることにしました。

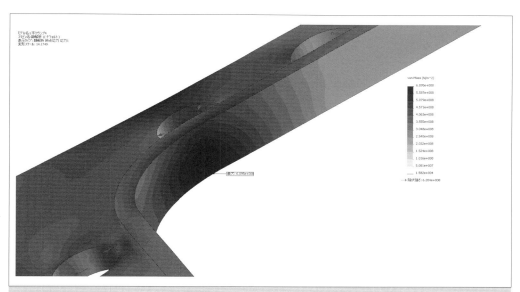

▲ 応力の分布は縁取りがあることで少し異なりますが、やはりL字型の直線からRになる付近に集中していることがわかります。しかし、Rの値は小さいものの縁取りを付けることで、断面係数を大きくして応力の大きさを小さくすることができることがわかります。

◆ 肉厚を増やす

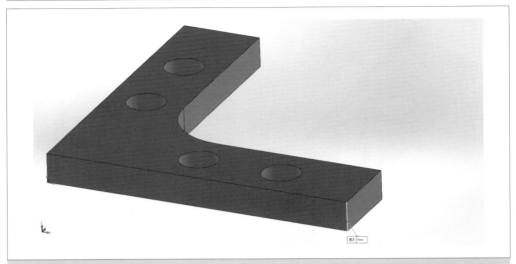

▲ 最後に単純に肉厚を増やすという対処法ではどうでしょうか。元の肉厚を今回は、2mmにしていますので、倍の4mmにしてみます。Rの値は、縁取りの例と同様に8mmにします。

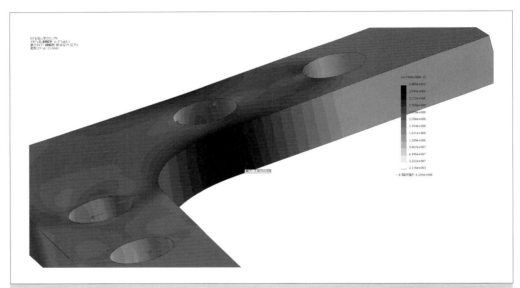

▲ 今回の対処法の中では最も応力値が小さくなっています。ただし、かなり分厚くて材料をたくさん使うものになり、現実的な選択肢にはならないかもしれません。

　ただシャープな角を落とすだけで、応力を大きく緩和できることがわかると思います。また、今回示したような断面係数を大きくする方法を組み合わせることで応力を下げることもできるので、対処方法のオプションが増えてきます。

◆ 鋭角や小さなRをなくそう　その2

小さな溝がRにの大きな影響を与えることがあります。次のようなシャフトで考えてみましょう。ここでポイントになるのが、逃げ溝です。

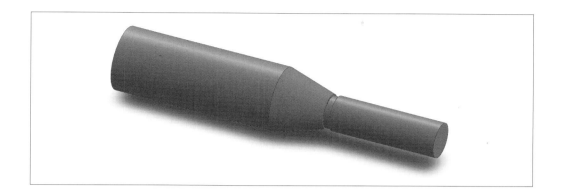

断面を切ると、**図7.9**のようになっています。加工のことを考えるとこのような逃げ溝は必要ですが、その一方で、この逃げ溝は一番弱いところになります。ここからクラックが入れば、軸が稼働中に破損するということになり得る可能性があります。

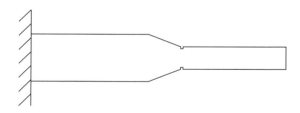

図7.9　シャフトの断面図

そこで、本当にこのままでの良いのかを検討してみたいと思います。

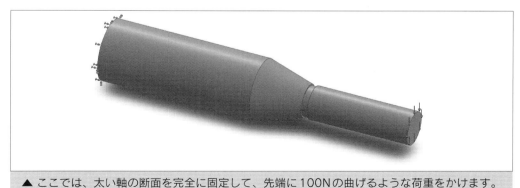

▲ここでは、太い軸の断面を完全に固定して、先端に100Nの曲げるような荷重をかけます。

Chapter 1　基礎編：CAEで3次元設計をスキルアップするための基礎知識

溝の細かな部分は、細かくメッシュを切らないと応力の値を捉えきれないので、このあたりのみメッシュコントロールを使って、細かくメッシュを切ります。または、h-法やp-法などのアダプティブメッシュの機能を使ってこの付近を自動的に細かくしても良いでしょう。いずれにしても、メッシュが粗すぎると挙動が捉えきれない可能性があります。

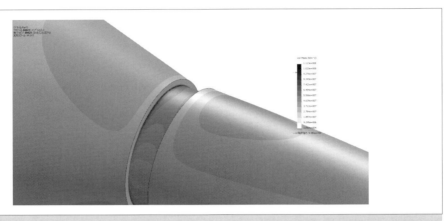

▲ 解析を進めてみると、最大の応力値が、$1.113 \times 10^8 N/m^2$と降伏応力の$9.651 \times 10^7/m^2$を超えるミーゼス応力値が計算されました。最大の場所はかなり拡大してみないとわかりにくいのですが、逃げ溝の底の面と垂直な面のエッジに細長く集中していることがわかります。確かにここから破壊が発生してしまいそうな設計です。

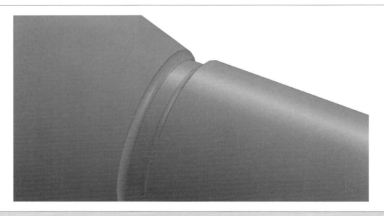

▲ ここにR0.5のフィレットをかけてみたいと思います。

　これで再度解析を進めてみます。

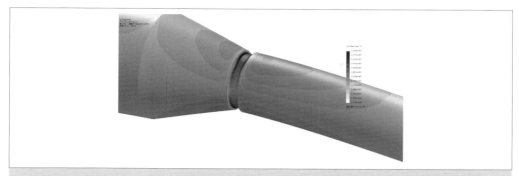

▲ 角に入れたRは0.5という比較的小さなものかもしれませんが、これだけでミーゼス応力が、$6.629 \times 10^7 N/m^2$ と大きく下がり、降伏応力をも下回っています。これで塑性することがなくなります。

ここでは、さらに主応力を確認します。このような荷重が繰り返し載荷される時、亀裂は最大主応力と垂直に発生すると考えられます。従って、大きさや向きも重要です。

◆ 当初のモデルの場合

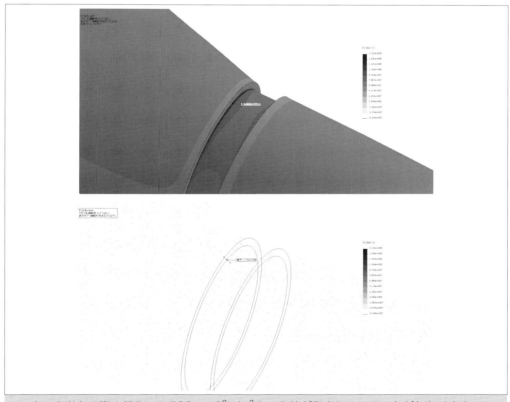

▲ ちょうど角の際の部分に $1.722 \times 10^8 N/m^2$ という値が発生していることがわかります。

Chapter 1　基礎編：CAEで3次元設計をスキルアップするための基礎知識　**121**

これに対してR0.5のケースを見てみます。

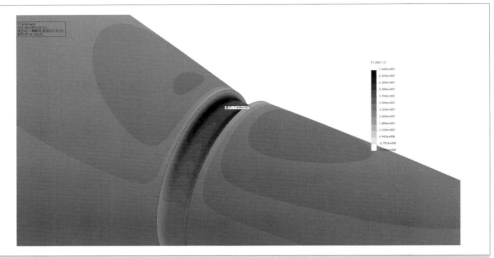

▲ 最大の応力がかかる部分がより分散している他、最大値そのものが$7.644 \times 10^7 N/m^2$と半分以下になっています。

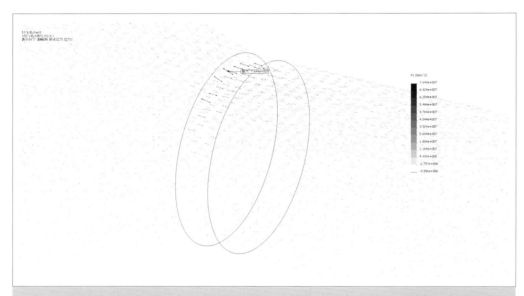

▲ ベクトル表示では最大の主応力の方向と大きさを同時に示すことができます。今回の軸のようなケースでは、一番弱い部分を引き裂こうとする力の方向は比較的わかりやすいですが、より複雑な荷重や形状の場合には、気になる部分に対して主応力の大きさやその向きをこのように表示し、その結果にもとづいて形状を変更すると良いでしょう。

◆ **断面の急変を避けよう**

　形状が突然大きく変わってしまうことは、基本的に避けるべきです。それは機械工学的なポイントもそうですが、製造上の問題でも言えます。樹脂の射出成形などでは急な角などがあると樹脂の流動に問題が生じて、後々パーツの品質に影響を与えることもあります。断面が大きく変わることを避けることは、パーツの設計上も、また製造の観点からも意味があることが多いのです。

　この点について、応力の観点から見てみましょう。

▲ これはメッシュの細かさについて説明したものと同じ事例ですが、太い円柱の底面を固定し、先端の面に下向きに100Nの荷重をかけています。材料は合金鋼で、メッシュの細かさはデフォルトです。

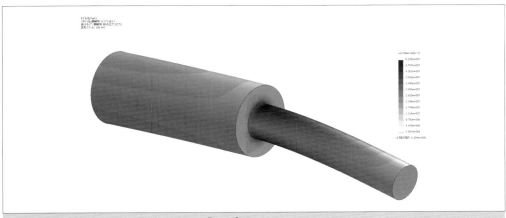

▲ このまま解析すると、$5.232 \times 10^7 \mathrm{N/m^2}$ の応力が求められます。

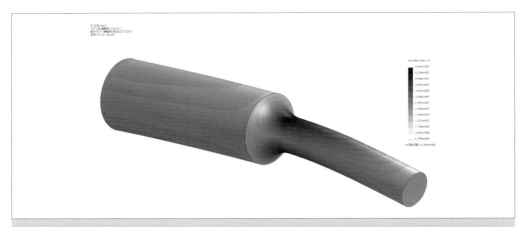

▲ 細い円柱と太い円柱の間にR10のフィレットをかけます。前の事例と同様の操作ですが、これによって急激な断面の変化が軽減されます。拘束条件や荷重条件は同じです。それに伴って、応力が$4.607 \times 10^7 \mathrm{N/m^2}$と軽減されていることがわかります。

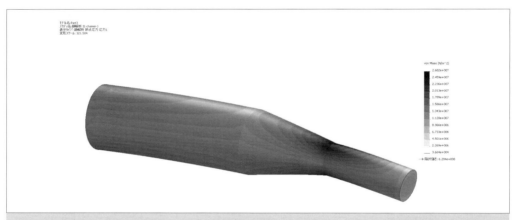

▲ フィレットをかけるかわりに、太い断面から細い断面への変化を、傾斜をつけながら徐々に小さくしてみます。この場合には、応力が$2.682 \times 10^7 \mathrm{N/m^2}$とさらに軽減されることがわかります。

　明らかに応力低減の効果がでているとともに、応力集中も緩和されていることがわかります。これを細い棒の先端までテーパーをかけていけば、さらに結果が変わります。設計の条件によって、中々変更が難しい場合もあるかもしれませんが、形状や断面の急激な変化を避けるようにする、その効果が実際どうなのかを見ることもができるのもCAEの良いところです。

Chapter 2 実践編

実例で学ぶ設計検証

8 架台のバランスを検証する

　CAEによるシミュレーションの使い方は単に、応力や変形を見るだけではありません。拘束している場所には荷重がかかり、そこには反力が発生します。その反力を見ることで、台などのバランスを確認することなどにつながります。

　例えば、測定機器などを設計する時は装置のバランスが重要になってきます。その際に、装置を支える足のそれぞれに掛かる力を求めることで、バランスを考慮した支柱レイアウトなどが可能になります。このようなバランスを見ることは、実機で実験するのは必ずしも簡単ではないと思いますが、CAEによりシミュレーションを行うことで比較的容易に確認することができるようになります。

　簡単な例を見てみましょう。

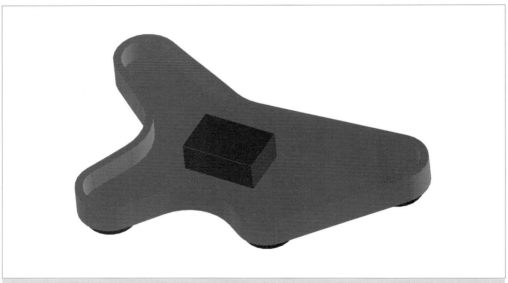

▲ 一見してバランスがわかりにくい形状の器にある物体を配置します。

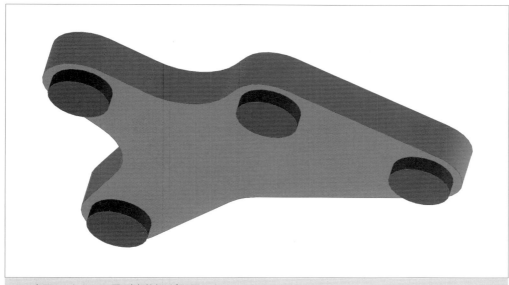

▲ 底面には4つの足（支柱）が配置されています。

◆ 解析のセットアップ

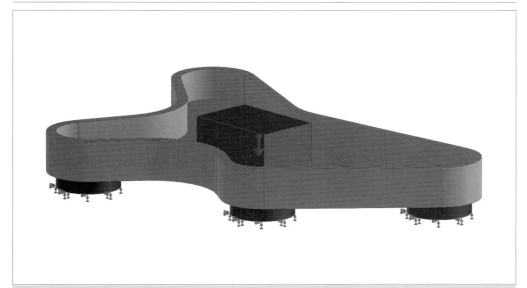

▲ 解析のセットアップ自体は、このケースではそれほど難しいものではありません。4つの足の底面を完全に固定します。そして、この物体の重量を定義するために、重力加速度を与えます。

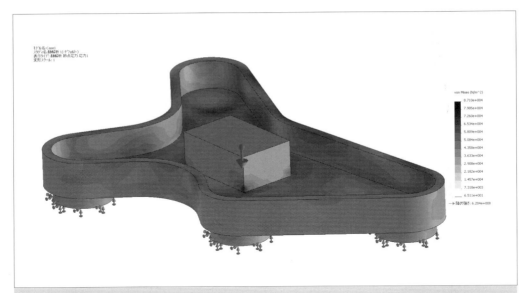

▲ セットアップが完了したら解析を実施します。通常の解析のように、応力、ひずみ等が求められますが、今回注目するのはここではありません。

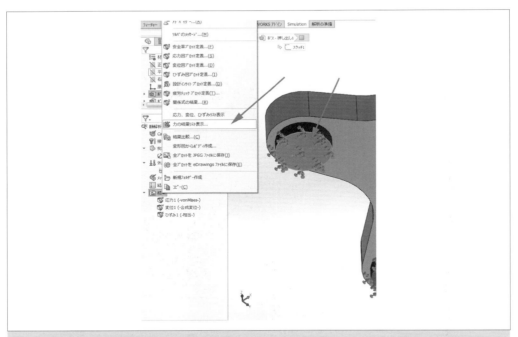

▲ 底面を表示して、反力を求めていきます。反力を求めるためには、まず、目的の面（拘束をしている面）を選択します。ここでは、左上の支柱の底面を選択し、ツリーの中の「結果」を右クリックすると、メニューが展開表示されます。

▲ このメニューから、「力の結果リスト表示」をクリックします。

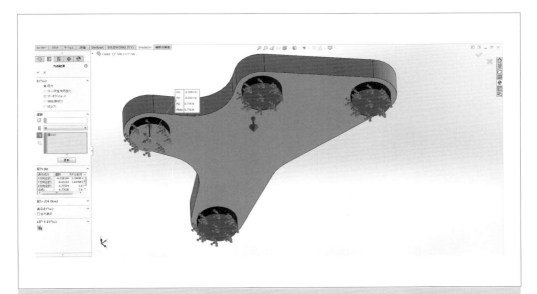

▲ 選択した面の反力のX、Y、Zの各コンポーネントが表示されます。ここで着目したいのはZのコンポーネント（0.775N）です。X、Yの反力もありますが、ここでは無視します。

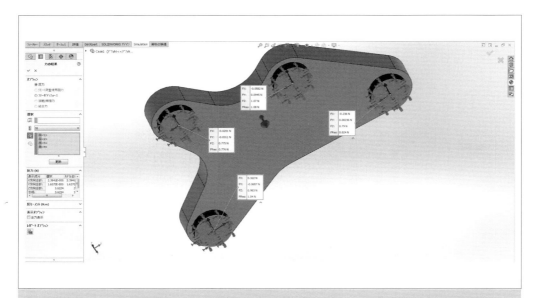

▲ 個別に確認するのは面倒ですし、一覧性にも欠けるので、Shiftキーを押しながら、複数の面を選択した上で、上記の作業を行うことで、同時に反力を確認することができます。左上の支柱の反力が他よりも少なく少しバランスが悪そうです。（一番左から、0.775N、1.07N、0.79N、1.04N）

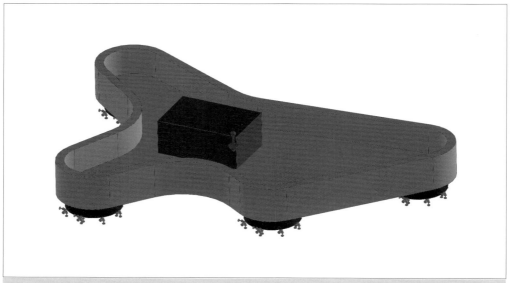

▲ 本来であれば支柱側のレイアウトも含めてレイアウトを検討すべきかと思いますが、ここでは簡易に、箱の中にある直方体の位置を移動してみます。

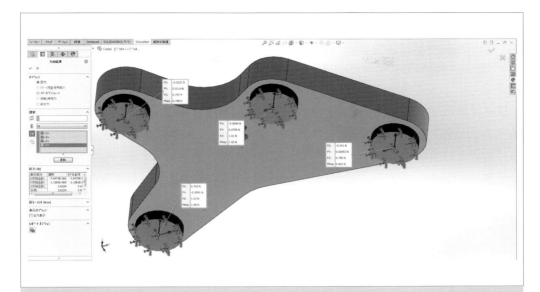

▲ 再度、同じ条件で解析をしてみると、先ほどの左上の支柱の反力（0.797N）が大きくなっていることがわかります。このように、シミュレーションをうまく使って、荷重をかける物体の配置を変えたり、逆に器の形状や支柱の配置を変えたりすることに使うことができます。

9 接触解析を活用して誤組対策を行う

　機械装置など、様々なパーツからなるものを組み立てる際、他部品を挟み込んでしまう誤組が発生することは珍しいことではありません。もちろん、誤組が起きないように組み立て手順等も含めてきっちり対策をすることも重要ですが、現場への対策だけで誤組を完全にゼロにすることも難しいでしょう。そのような対策とともに、部品側にもそのような場合に許容できるような対策を施すのがベターです。特に、誤組によって当該パーツの一部が塑性変形して永久歪みが発生していると、再度組み直した際に動作不良の原因にもなり得ます。

　そこで、ここではそのような挟み込みを許容する形状を検討してみたいと思います。

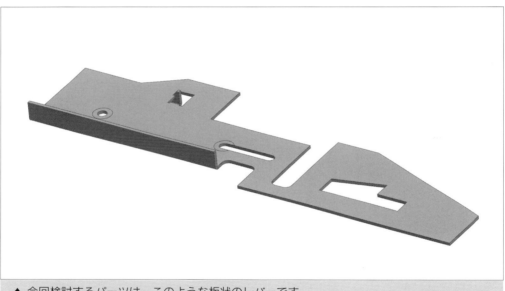

▲ 今回検討するパーツは、このような板状のレバーです。

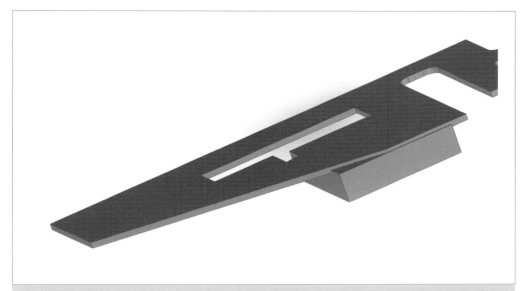

▲ このパーツを取り付ける際に、このような異物が挟まってしまった、という想定をします。CADのモデルではレバーと異物が干渉した状態に設定します。

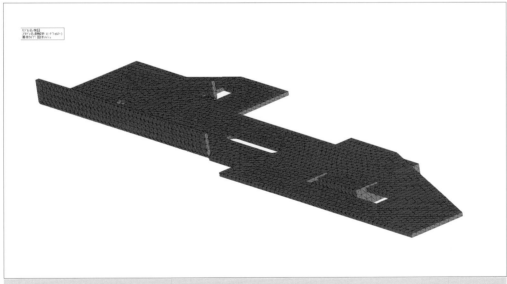

▲ メッシュの分割は、デフォルトの設定で解析を進めます。

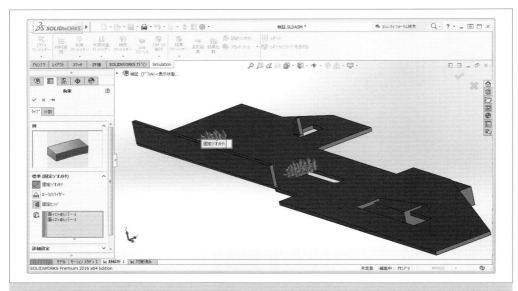

▲ 解析の設定ですが、今回ポイントとなるのは、拘束条件の設定と接触条件の設定になります。まず、レバーのパーツの拘束条件ですが、固定の条件を穴の周囲とスロットの端の周囲に対して設定します。

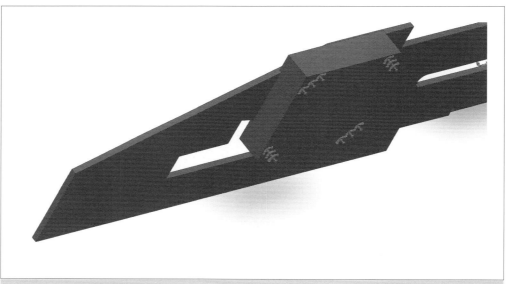

▲ 異物は底面を固定します。

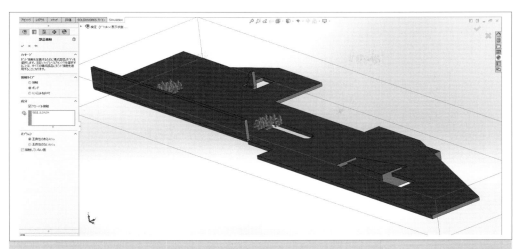

▲ 次にこの2つのパーツの接触条件についての定義をします。「部品接触」では、この2つのパーツの間で共有される領域にデフォルトの接触条件を定義しますが、接触タイプに「ボンド」、成分にグローバル接触でトップアセンブリを定義することで、すべてのパーツにボンド接触を適用することになります。

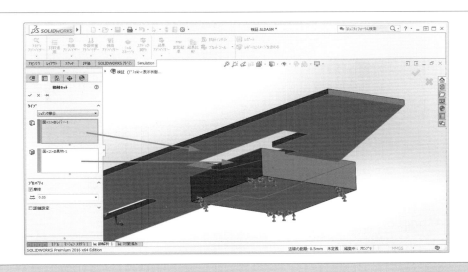

▲ 接触セットではローカルな接触条件を定義します。ここではレバーの下面と異物の上面の間に接触セットを定義します。接触タイプはシュリンク接合とします。シュリンク接合はある物体を、その大きさよりも少し小さな穴にはめるなどのような場合に使用する条件ですが、ここではその条件を使います。なお、この条件を使用する場合には、この2つの間に適度な干渉がある必要があります。

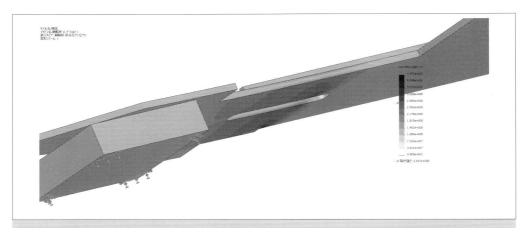

▲ これで解析を実行するための条件が揃いましたので、解析を実行します。解析が終了したら、最初に変形の様子を確認してみましょう。レバーの板の部分が異物の上に乗っかった状態になり、途中から曲がってしまっていることがわかります。

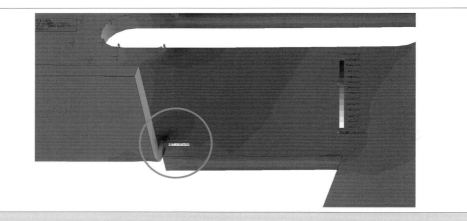

▲ 最大の応力が発生している場所を見てみましょう。ちょうどL字型に曲がっている場所に応力集中が起きていることがわかります。さらに、この材料（1023炭素鋼板）の降伏応力は $2.827 \times 10^8 \mathrm{N/m^2}$ ですが、最大のミーゼス応力値が、$4.501 \times 10^8 \mathrm{N/m^2}$ と降伏応力よりも高い値が出ており、誤組が起こった際に、ここが塑性して永久歪みが生じてしまうことが予測されます。

対策を考えてみます。

◆「強制変位」に対する対応策と同様の対策を考える

基礎編で、荷重がかかった場合の過剰な応力の軽減の対策と強制変位がかかっている時の応力の軽減の対策とでは、そのやり方が異なることを説明しました。

今回の解析では、強制変位をダイレクトに異物が挟まる場所にかける代わりに、異

物との間に接触条件を定義することによって、実質的に強制変位と同じ条件を与えています。従って、その対策は簡単に言えば「剛性を下げる」ということになります。以下のように形状を変更してみました。

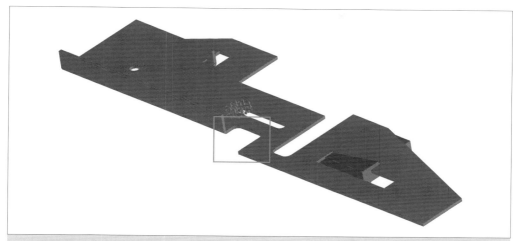

▲ L字に曲げられている部分から手前を大きくえぐって、この部分の幅を狭くして断面を小さくしています。これにより断面係数が小さくなり、剛性が低下するはずです。

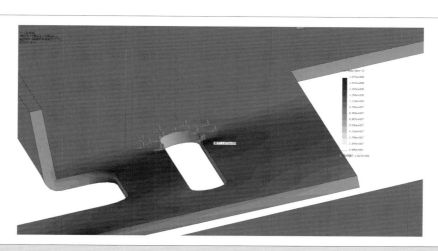

▲ 再度、解析を実施してみると、ミーゼス応力の値が $1.677 \times 10^8 \mathrm{N/m^2}$ と大きく下がっており、降伏応力を下回っているので、この対策が有効であることが確認できました。

10 梁(ビーム)要素の活用

　様々な機械装置を据え付けるための装置台には、剛性が要求されます。剛性の高い頑丈な装置台でなければなりませんが、過剰に作りこんでしまうことも問題です。そこで、装置台のフレームワークのレイアウトによって、剛性がどのように変化するかを検討してみましょう。

　今回の解析モデルは次のようなものです。

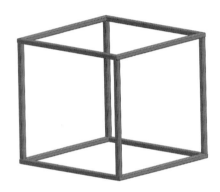

　このような装置台などに使用する鋼材は、標準的な断面を持つ既成品等を用いることも多いと思います。そのような際に便利なSOLIDWORKSの機能が、「鋼材レイアウト」です。レイアウトのための断面をこのようにスケッチします。

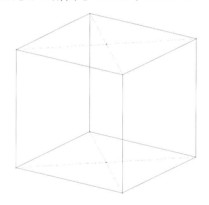

　このスケッチに合わせて鋼材レイアウト機能を使ってモデリングします。

　鋼材レイアウトのコマンドは、メニューの挿入＞溶接＞鋼材レイアウトで選択できます。モデリングのガイドではないので、ここでは詳しいモデリングの手順は省きま

すが、鋼材レイアウトを使うことで、断面をスケッチしなくても適切な鋼材のモデリングをすることができます。

鋼材を使ってモデリングをした時に解析を行う場合には、梁要素が適用されます。梁要素については、基礎編を参照してください。

梁要素は、断面を問わずこのような棒状の物体が適しています。長さに対して断面の高さが1/10以下であれば、梁要素の使用も適当と考えられます。

それでは、装置台の解析に戻りましょう。

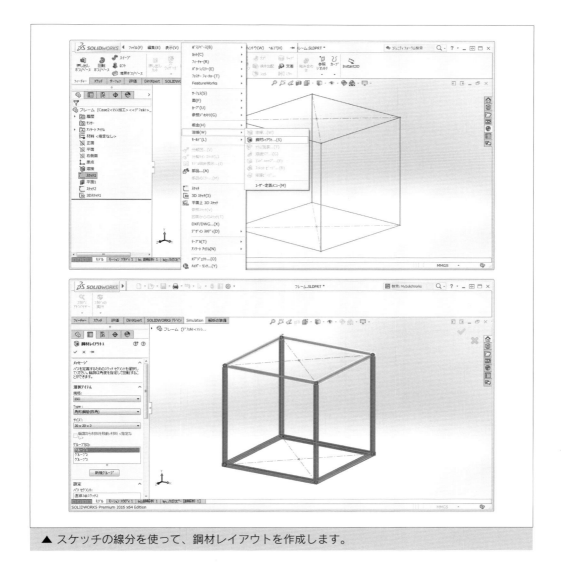

▲ スケッチの線分を使って、鋼材レイアウトを作成します。

＊「鋼材レイアウト」は SOLIDWORKS 特有の機能です。他 CAD の場合にも類似の機能がある場合があります。

Chapter 2　実践編：実例で学ぶ設計検証

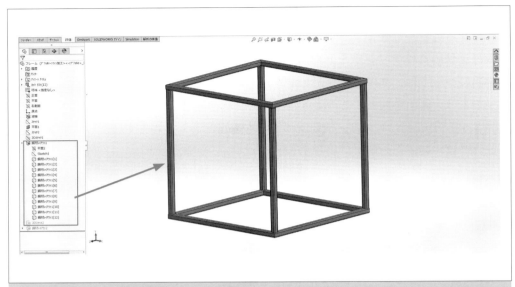

▲ 鋼材レイアウトを展開すると各鋼材が定義されていることがわかります。

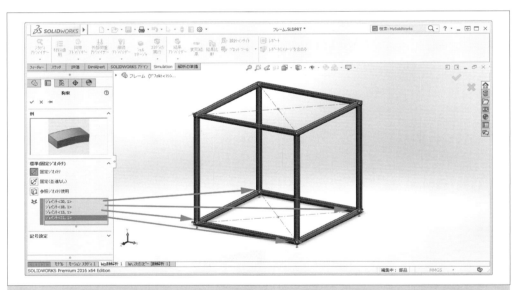

▲ ジョイントを作成し、そのジョイントに拘束条件と荷重条件を追加します。ここでは、足の部分にあたる下の4つのジョイントを完全に拘束します。

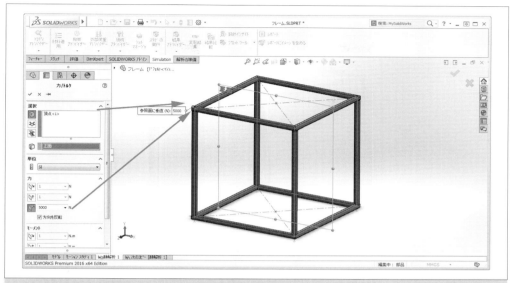

▲ 図の左上のジョイントに対して、5000Nの荷重を与えます。

それでは、この解析を実施します。

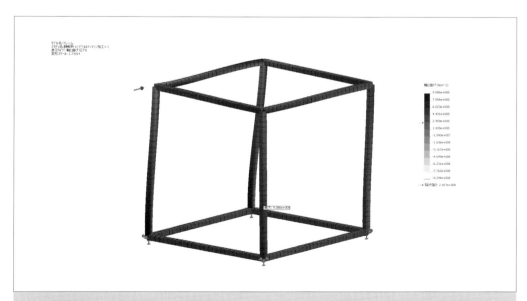

▲ 荷重をかけた方向に対して、装置台が歪んでいます。特に荷重を掛けた側の縦の鋼材の下の部分に対して、降伏応力以上の応力が発生していることがわかります。実際この荷重が掛からないにせよ、構造としては弱いことがわかります。

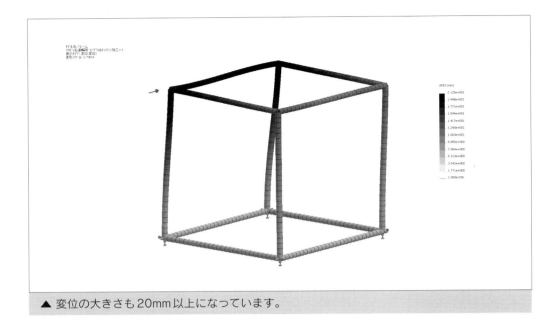

▲ 変位の大きさも20mm以上になっています。

◆ 改善案

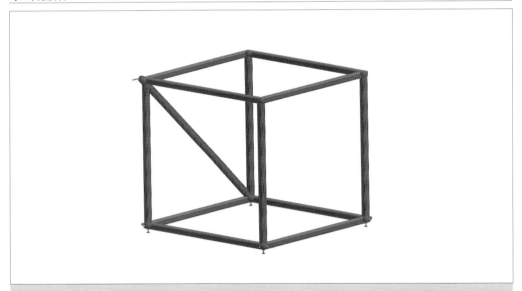

▲ ここでのポイントは、荷重に対して構造が弱いわけですから、剛性を高める方策を考えれば良い、ということになります。筋交いを入れてトラスのような構造にしてみます。なお、純粋なトラス構造はピン結合で引張と圧縮しか伝わりませんが、この構造では角は剛接合された状態です。

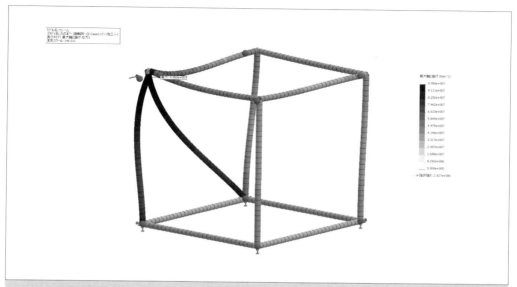

▲ 再度、解析を実施します。今度は、荷重を掛けた上端付近に最大の応力が発生していますが、降伏応力の1/3になっています。

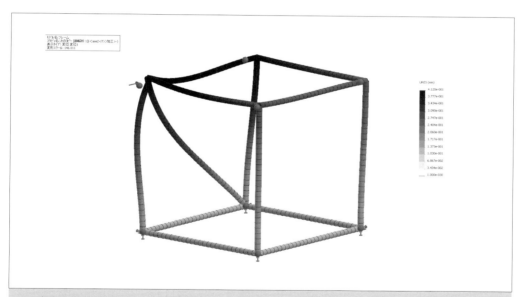

▲ 大きく歪んでいるように見えますが、今回は変形に対してスケールが146倍なため、大きく見えており、実際には0.4mm程度で先ほどの1/20です。

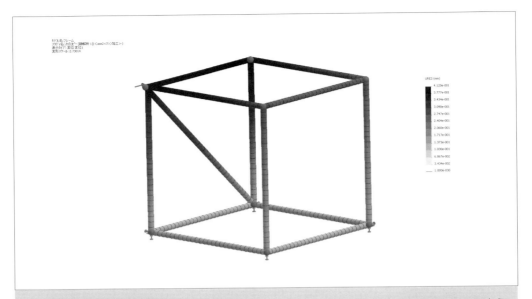

▲ 最初の解析と同じスケールにするとほとんど変形していないことがわかります。このように、今回は一つの筋交いが大きな効果を出していることがわかりますが、このような構造の検討をする際には、梁要素をうまく使いながら解析をすることが、様々な構造の効率的な検討につながることがわかります。

11 | 解析でカシメ浮きを改善する

　ここでは、板金にシャフトを「カシメ」で取り付けることを考えてみます。ここでは、平らな板と円柱という簡単なモデルを使います。次のようにモデリングし、拘束条件と荷重条件をつけました。

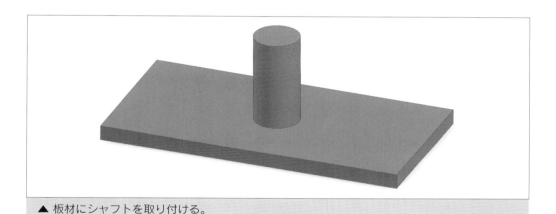

▲ 板材にシャフトを取り付ける。

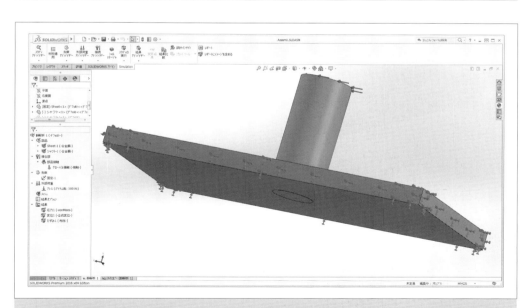

▲ ここで問題になるが、カシメの後にシャフト部分に側圧がかかると、カシメ浮きや曲がりが発生してしまうということです。ここはできるだけ、そのような変形を減らすことができるように改良を加えることを考えてみたいと思います。

まず、現状のモデルを確認してみましょう。

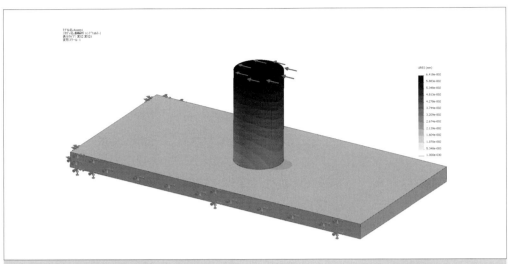

▲ 実際の変位量は0.06418mmとそれほど大きいものではありません。

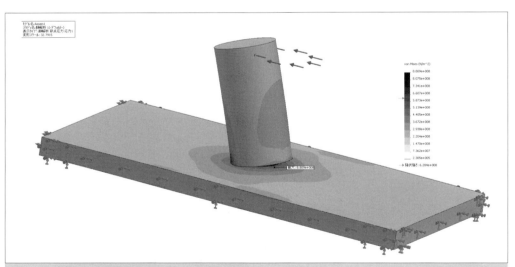

▲ しかし、応力を確認してみるとちょうどカシメている近傍で、$8.809 \times 10^8 N/m^2$と、降伏応力の$6.204 \times 10^8 N/m^2$を超える応力が発生しています。

◆ 改善案

　形状変更を行うことで、改善を図ってみたいと思います。元のシャフトの根本部分に、リングを取り付ける形で形状を変更してみました。

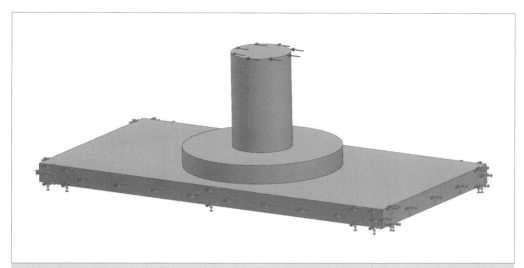

▲ シャフトの根本にリングを取り付けました。それ以外の条件は、当初のモデルと同様です。このリング状の部品も含めて、接触条件にはグローバル接触を使います。

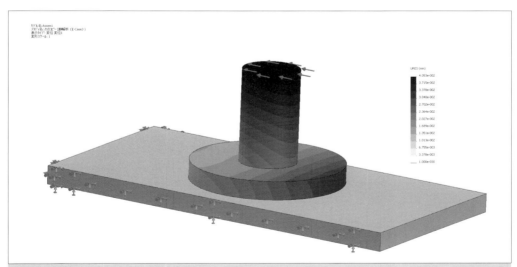

▲ 同じ荷重をかけて解析を実施します。変位自体も0.04053mmと小さくなっています。

Chapter 2　実践編：実例で学ぶ設計検証

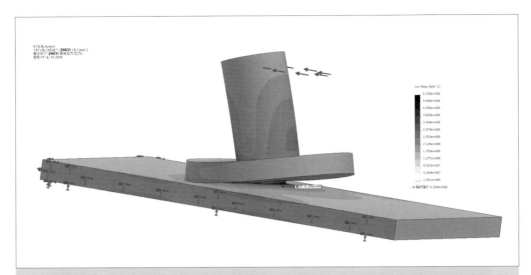

▲ 最大の応力は$5.105 \times 10^8 N/m^2$と、降伏応力を下回りました。この状態であれば、シャフトは塑性変形することなく、除荷されれば元に戻り永久的なダメージはありません。CAEを使うことで細かな形状変更に伴う応力の変化なども的確に追いかけていくことができるので、自分の行った変更の妥当性を即座に確認することができます。

12 金型を抜く際の力について

　樹脂の射出成形品は、金型に溶けた樹脂を射出して成形します。金型にはキャビ側とコア側があり、その2つの金型の隙間に樹脂が射出されます。樹脂がその空洞（キャビティ）の中に行きわたり、冷却して固体になり、その後金型が開いて樹脂が取り出されます（**図12.1**）。金型には動かない固定側と可動側が存在します。樹脂は冷却すると内側に収縮しますので、成形品は凸型のほうに抱きつく形になります（**図12.2**）。そのため、通常は突出装置のある可動側に成形品が抱きつくようにするために可動側は凸型、つまりコア側になっています。

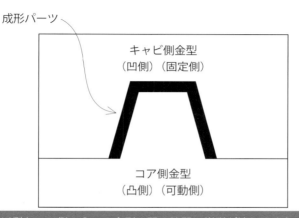

図12.1　キャビ側とコア側の2つの金型の間の隙間に樹脂が流し込まれてパーツが成形される

図12.2　樹脂は冷えると収縮して、コア側に抱きつく

　金型からパーツを取り外す際には、エジェクタピンが突き出されますが、エジェクタピンの配置によって、パーツに対するダメージや取り出しやすさなども変わってき

ます。一般に、エジェクタピンは金型の技術者から提案されることが多いと思いますが、その提案に基づいて実際に解析をして状況を確認することも可能です。

それでは、実際に確認してみましょう。今回のポイントは「強制変位」と「接触」です。今回は、このような単純な製品形状を考えてみます。

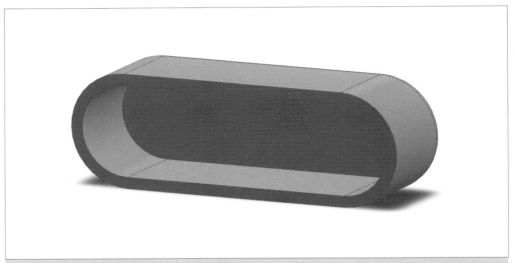

▲このような簡単な器形のパーツを使います。本来、射出成形で製造されるパーツには抜き勾配が必要とされますが、ここでは抜き勾配なしの完全に垂直な壁で側面を構成します。

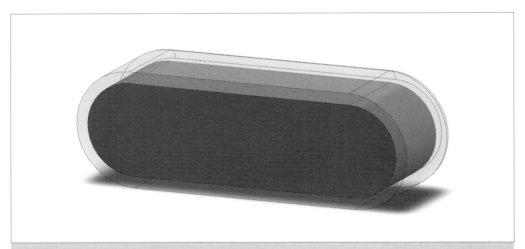

▲このような2つのパーツによるアセンブリになります。コアについては、このように内側の空洞と同じ形の形状になります。ただし、コアにパーツが抱きついていることを考えて、パーツの内側の空洞よりも、微妙に大きく作ってあります。

▲ なお、状態を確認したいのはパーツのみなので、金型のパーツについては、非表示にしておきます。パーツの材料には、樹脂としてはごく一般的なABSを、また金型には合金鋼を適用します。最近は、小ロットの製造には、アルミ型もよく用いられますので、アルミにしても良いでしょう。

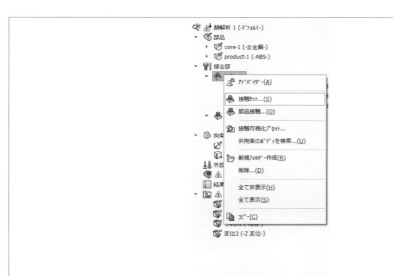

▲ 今回の解析のポイントは、接触条件の定義です。接触条件は接合部で定義しますが、部品接触の下にあるグローバル接触で、このアセンブリの基本となる接触条件を定義します。今回は「接触」を選択します。

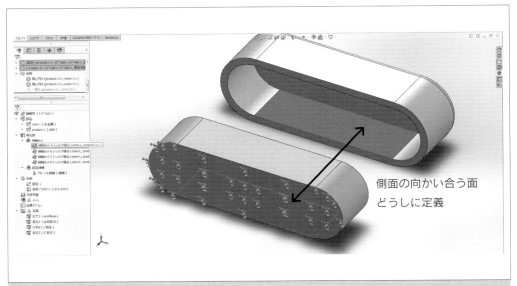

▲ その上で、側面に対して面ごとの接触条件を定義していきます。

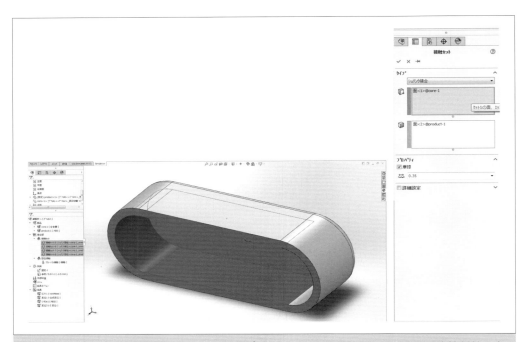

▲ 接触のタイプはシュリンク接合で、またプロパティで摩擦係数を定義します。摩擦係数の定義は難しいところがありますが、ここでは0.35程度を想定しています。

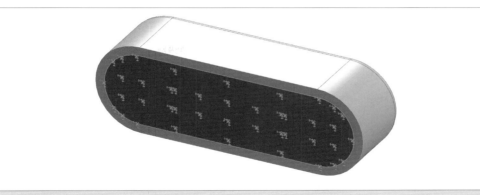

▲ 金型パーツの底面を完全に固定します。

▲ 次にエジェクタピンをパーツが押す部分に、強制変位をかけます。エジェクタピンが1個だけということはあまりないかもしれませんが、ここでは少し極端なケースで比較してみたいと思います。ここでは0.5mmの強制変位を与えることにします。実際はもちろん、完全に金型から離型させるまで押し出すわけですが、ここでは最初の挙動を確認してみたいと思います。

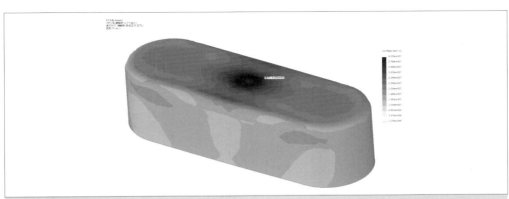

▲ 高い応力はエジェクタピンが当たる近傍に集中しており、$4.035 \times 10^7 \mathrm{N/m^2}$ が最大になっています。

▲ 加えてZ方向への変位を見てみたいと思います。Z方向の変位はデフォルトでは表示されていないので、ツリーから「結果」を右クリックして「変位図プロット定義」をクリックします。

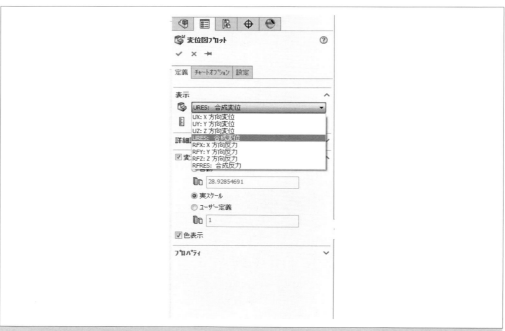

▲ どの変位を表示したいかを選択できるので、Z方向変位を選択します。

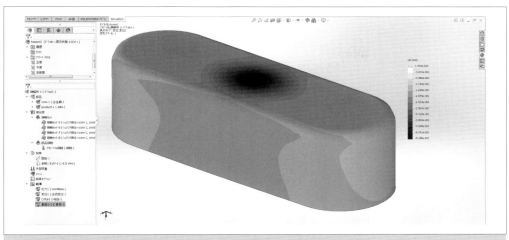

▲ 予想できることですが、エジェクタピン近傍は、0.5mm前後Z方向に動いていますが、特に側面は、金型との摩擦のために、まだ金型に固着しているようにも見えます。

▲ 変位については、コンター図で見るよりも、ベクトルの矢印で見たほうがわかりやすいので、表示を変えてみます。ツリーからのこの変位をマウスで右クリックしてメニューを表示します。その中から「設定」をクリックします。

▲ 詳細設定オプションから、「ベクトルプロット表示」にチェックマークを入れます。

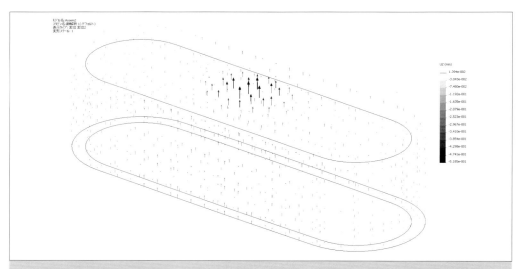

▲ 明らかに中央の変位が突出していることがわかります。離型させるためには、このエジェクタピン配置では問題があることがわかります。もっとエジェクタピンを配置する必要がありそうです。

◆ 改善案

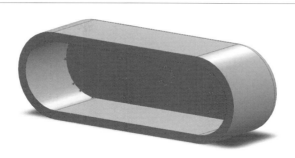

▲ 本来は、増やしたエジェクタピンの位置に合わせて強制変位を与える位置を定義するべきですが、ここではわかりやすい例示にするために、面全体に強制変位を与えることにします。それ以外の解析条件は、最初の例と同じです。

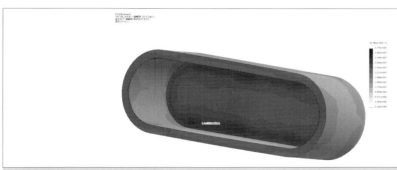

▲ 角付近に大きめの応力が集中していますが、全体としては極端に応力が集中しているところはなくなっています。最大の応力値自体も、$1.760 \times 10^7 \text{N/m}^2$ と小さくなっています。

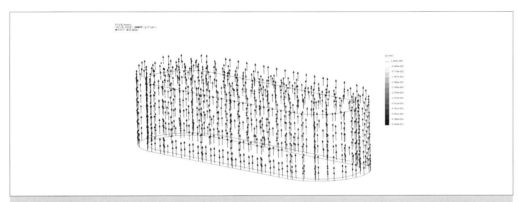

▲ ベクトルプロットをとってみても、全体として大きな変異を生じさせることなく離型が進んでいることが見て取れます。

◆ 改善案2

次に、抜き勾配を考えてみたいと思います（**図12.3**）。

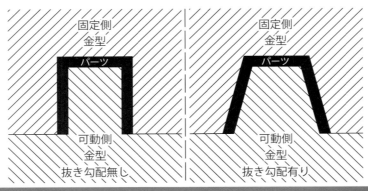

図12.3　抜き勾配無しと抜き勾配有りの違い

パーツが離型する際に、接触面が完全に垂直だと接触面が摩擦ですれてしまいますが、勾配が付いていることで、摩擦を抑えてスムーズに離型することができます。

一般に離型のためには、最低でも0.5度、できれば2度程度の抜き勾配は必要と言われています。そのことで、パーツと金型の間に無用な摩擦が減り、パーツや金型が傷つくことを防ぐことができます。そこで、今回はこのように側面に2度の勾配をつけてみました。

▲ 内側も当然、勾配がついています。その他の条件はすべて同じで、まずは最初の事例と同様で、中央の一つのエジェクタピンで離型を試みます。

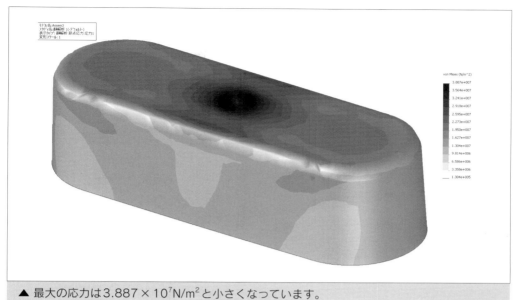

▲ 最大の応力は $3.887 \times 10^7 \text{N/m}^2$ と小さくなっています。

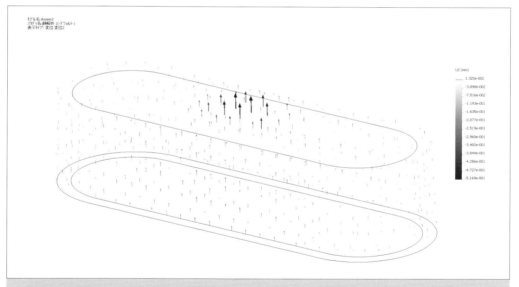

▲ ただ、Z方向への変位を確認すると、あまり改善されておらず、最初の例と基本的には同じ様な変位の分布になっています。結果はある程度改善はしているものの、一般的に求められる抜き勾配があったとしても、中央に一本のエジェクタピンは基本的には問題があると考えてよいでしょう。

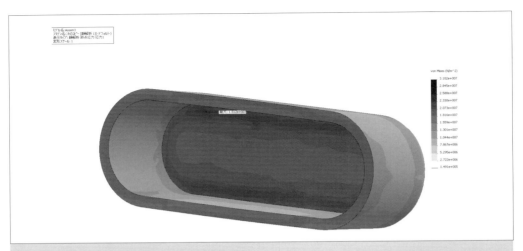

▲ 次にパーツの内側の底面を一様に押す場合です。前回同様の、特に角の部分を中心に応力の高い部分が出ているのは確かですが、それ以外の場所にほぼ一様に分布している低い方の応力は、$1.512 \times 10^7 \mathrm{N/m^2}$ とより小さいものになっています。勾配によって摩擦の影響がより少なくなっていることが想定されます。

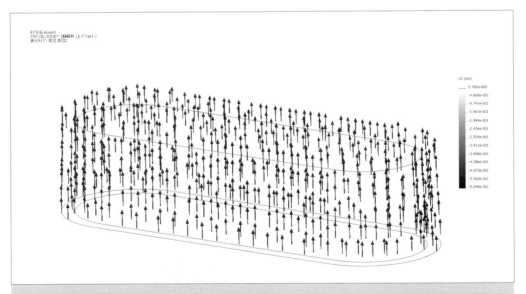

▲ 変位自体は、すでに前回も比較的良い結果が得られていますので、今回の例とではあまり比較になりませんが、全体として上に0.5mm程度移動していることがわかります。前回と同様にエジェクタピンを増やすほうが良い結果であるとともに、抜き勾配もポイントになることがわかります。

13 ダイスと焼き嵌め効果

　ダイスに圧力がかかって、大きな応力が発生することを考えます。ここでは、大きな応力が発生するのを出来るだけ低減することを考えてみたいと思います。

　今回のモデルは以下のようなものです。円盤上のパーツの中心に、長方形の穴があいています。

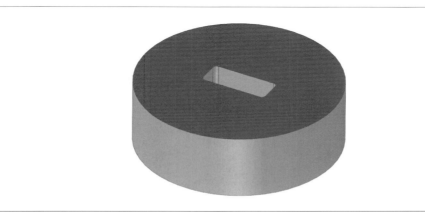

▲ 長方形の穴があいた円盤。

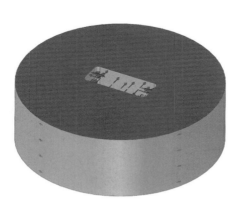

▲ この穴の内側に高い圧力がかかるということを想定します。円柱の側面には、回転しないように拘束条件がついています。

Chapter 2　実践編：実例で学ぶ設計検証

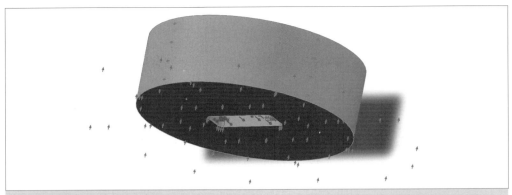

▲ 底面にはローラーのコンディションを定義して、Z方向には動かないようにします。

なお、厳密には円周方向に留める拘束条件は必須ではありませんが、今回は計算の安定化のために定義しています。基礎編などでも述べてきた通り、構造解析を行うためには、すべての並進方向で何らかの形で拘束されている必要がある他、物体が回転しないように留めておく必要があります。そうしておかないと、剛体運動が可能な状態になり、計算式を解けなくなってしまいます。しかし、どうしてもある方向を留めてしまっては、現実の物体と挙動が違ってしまうということもあり得るかもしれません。

そのような時に有効なのが、基礎編でも紹介した、ソフトスプリングを使用するオプションです。ただ、ソフトスプリングだけでは解析が不安定になることがあります。今回もそのようなケースで、円周方向の動きも拘束しました。

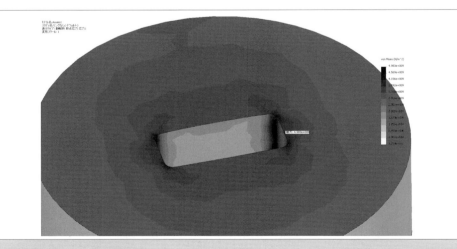

▲ この状態で、内側に1000MPaという圧力をかけて解析を実行すると、最大で$4.983 \times 10^9 N/m^2$というミーゼス応力値が求められました。四角い穴の角部分に、応力が集中していることがわかります。

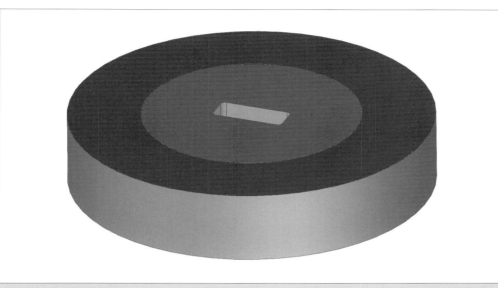

▲ そこで、この応力を軽減する方法を考えてみます。一つは、このダイスの周囲にリングをはめて、焼き嵌め効果を期待するものです。

▲ 今回は、ダイスはZ方向の拘束のみで、円周方向の拘束はリングの周囲の側面に対してかけることにします。

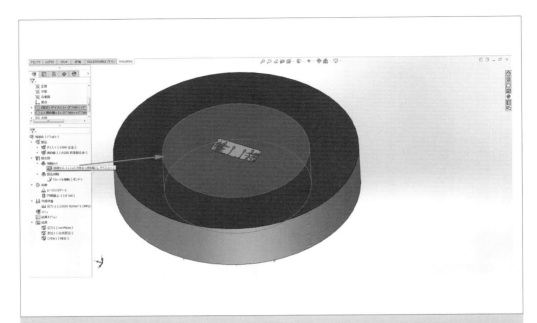

▲ 接触セットの定義も必要です。グローバル接触でボンドを定義しますが、ローカルな接触セットとして、ダイスの外側の面とリングの内側の面との間にシュリンク接合を定義します（リングとダイスの間には干渉となるオーバーラップを定義する必要があります）。

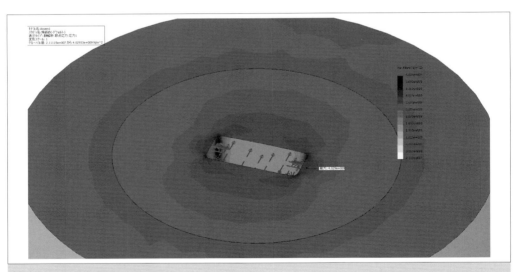

▲ 圧力は1000MPaで同じです。この状況で解析をすると、ミーゼスの応力値は4.029×10^9N/m^{2}と20%程度小さな値になっていて、焼き嵌め効果で応力を下げていることがわかります。後は、リングの剛性をさらに高くしたり、あるいは締め代を大きくすれば効果はさらに高くなることが見込まれます。

◆ 単純化して解析

　どのくらいの締め代があったら、どの程度の応力低下の効果が見込めるのかを、このリングとのアセンブリで何回も繰り返して解析することは少々面倒です。そこで、リングとの間に接触解析を行う代わりに、強制変位で試して比較してみます。

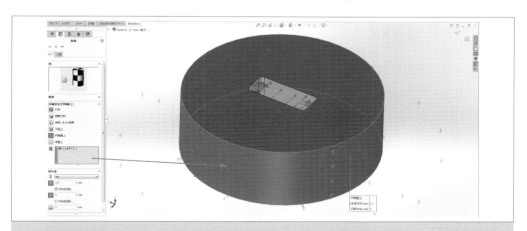

▲ リングを解析の対称から外します。ダイスオンリーの際には円周方向に動かないように拘束していましたが、今回はこの条件は外し、代わりに放射方向で、内側に0.2mmほど側面を強制変位で動かしてみます。先ほどのように接触条件を計算する必要がないので、比較的短時間で解析は終わります。

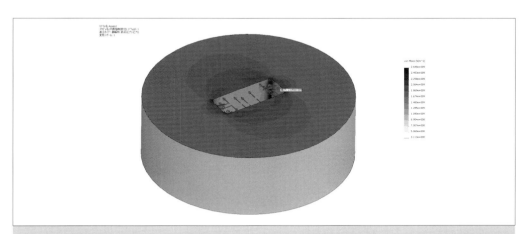

▲ 最大のミーゼス応力は、$2.648 \times 10^9 \mathrm{N/m^2}$ と、2/3程度の応力に下がり、大きな応力低減効果が得られることがわかります。後は、この結果を用いて再度リングとの締め代を考えてモデリングをすると良いでしょう。

14 位置決めボスが筐体に与える影響の排除

　ここで確認してみたいのが、強制変位が筐体全体に与える影響は、「応力の経路を断ち切る」という手法で実際に効果があるのかということです。このケースでは、位置決めボスによる強制変位によって、側壁に発生する応力の軽減を考えてみます。基礎編でも示した問題に類似していますが、ここでは筐体の形状の変更を考えてみます。

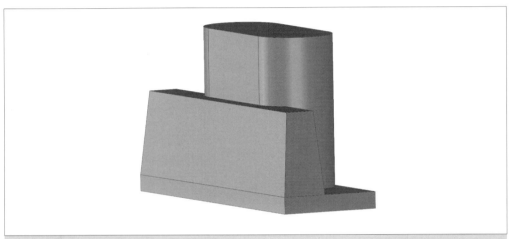

▲ 上記のようにボスが側壁に接している状態のモデルです。

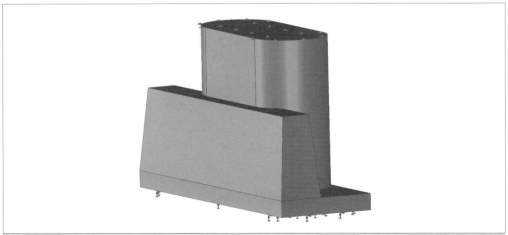

▲ 下面を完全に固定し、上面に強制変位をかけてみます。

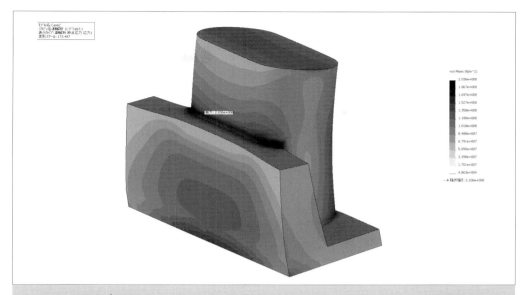

▲ ボスと側壁が接しているため、側壁も大きく歪んでしまいます。また、ボスと側壁が交わるエッジ付近で、$2.036 \times 10^8 \text{N/m}^2$ というかなり大きな応力が発生しています。合金鋼の降伏応力には達していませんが、かなり近い値であり、また、位置決めボスの挙動が側壁にまで影響を与えているので、良い状況とは言えません。

◆ 解決例

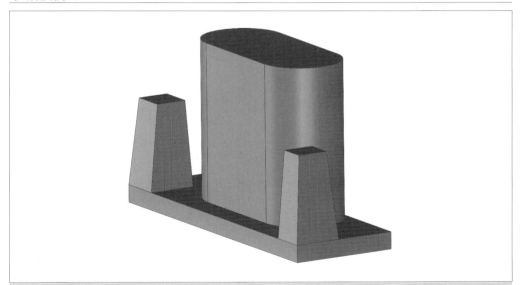

▲ 1つの簡易的な例は、設計上、このような形状でも問題がないのであれば、このようにボスに接する側壁の部分をカットしてしまうことです。

Chapter 2　実践編：実例で学ぶ設計検証

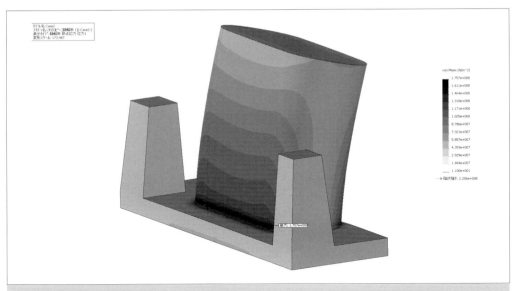

▲ 再度解析してみます。今度は、位置決めボスの付け根部分に応力が発生していますが、1.757×10^8N/m^2と応力値が下がっている他、側壁には影響がありません。

このように応力の流れを断ち切ってやることで、他の部分への影響の波及を防ぐことができます。

索　引

2次元要素 ……………62
FEM ………………15
h-法 ………………54,57,120
p-法 ………………54,56,57,120

あ
アダプティブ…………29,54,56
圧縮応力………………36
安全率…………………42
永久歪み………………40,132
エジェクタピン………158,159,160
延性材料………………37,41
応力解析………………14,18,80
応力集中………………11,54,115
応力場…………………36
応力歪み曲線…………33,40,41,101

か
強制変位………………14,16,21,38,39,58,
　　　　　　　　92,94,99,136,137,
　　　　　　　　150,153,157,165
形状非線形性…………58
公称応力公称歪み……41
剛性マトリックス……60
構造解析………………13,14,79
剛体運動………………19,109,162
剛体回転………………21
降伏応力………………33,42,44,80,96,97,
　　　　　　　　98,101,116,141,
　　　　　　　　143,146

降伏点…………………40
固有値解析……………13
コンター図……………42,43,155

さ
材料力学………………11,14,15
シェル要素……………21,47,71,73
軸対称要素……………68
自由度成分……………72
主応力…………………36,37
樹脂流動解析…………13
垂直応力………………35,36
スカラー値……………101
静解析…………………13
脆性材料………………37,41
接触解析………………165
線形応力解析…………16
線形解析………………58
せん断応力……………35,36
せん断歪み……………35
相当応力………………37
塑性変形………………81,132
ソリッド要素…………19,21,47,62,71,72,
　　　　　　　　74

た
大変形解析……………60
縦歪み…………………35
断面係数………………46,83,86,101,
　　　　　　　　117,118

索　引

断面2次モーメント…83,100
テンソル形式…………37
動解析………………13

な
抜き勾配……………158
熱伝導解析…………13

は
非線形解析…………58
ビーム要素…………21,47,71
フックの法則………16,19
並進自由度…………74
平面応力要素………62,64,67,68
平面歪み要素………67
変形図………………32
ポアソン比…………18,35

ま
摩擦係数……………152
曲げ荷重……………45
曲げモーメント………46,82
ミーゼス応力…………36,37,38,73,74,81,
　　　　　　　　88,96,101,102,
　　　　　　　　103,106,107,110,
　　　　　　　　112,121,136,162,
　　　　　　　　165

や
ヤング率……………18,35,39,81

有限要素解析………62
有限要素法…………14,15,16
横弾性係数…………35
横歪み………………35

ら
流体解析……………13

【著者略歴】

水野 操（みずの みさお）

1967年東京生まれ。1992年Embry-Riddle Aeronautical University（米国フロリダ州）航空工学修士課程終了。外資系CAEベンダーにて非線形解析業務に携わった後、PLMベンダーや外資系コンサルティングファームにて、複数の大手メーカーに対する3D CAD、PLMの導入、開発プロセス改革のコンサルティングに携わる。さらに、外資系企業の日本法人立ち上げや新規事業企画、営業推進などに携わった後、2004年にニコラデザイン・アンド・テクノロジーを起業し、代表取締役に就任、オリジナルブランド製品の展開や、コンサルティング事業を推進。2016年に、3D CADやCAE、3Dプリンター導入支援などを中心にした製造業向けのサービス事業を主目的としてmfabrica合同会社を設立して積極的に事業を展開中。
主な著書に、『絵ときでわかる3次元CADの本 選び方・使い方・メリットの出し方』『この部品はこうやって解析する！SolidWorksでできる設計者CAE』『思いどおりの樹脂部品設計』（以上、日刊工業新聞社刊）、『3Dプリンター革命』（ジャムハウス）、『人工知能は私たちの生活をどう変えるのか』（青春出版社）など。

http://www.mfabrica.com/
http://www.nikoladesign.co.jp/

【執筆協力】

高橋 和樹（たかはし かずき）

1965年山形生まれ。 1987年 山形大学工学部卒。大手オーディオ機器メーカーにて、メカ設計業務に携わり設計部門に3次元CADとCAEを導入して設計者CAEに取組んだ。
その後外資系CAD/PLMベンダーにて3次元設計コンサルティング業務、プロダクトマーケティング、ビジネスデベロップメントなどを経験した後、2011年に3Doors株式会社を起業して、代表取締役に就任。現在同社にて、製造業向けITコンサルティング サービスを展開中。
URL：www.3doors.jp

SOLIDWORKS でできる設計者CAE
3D CAD＋CAEで設計力を養え

NDC531

2016年11月28日　初版1刷発行　　（定価はカバーに表示してあります）

　Ⓒ　著　者　　水野　操
　　　発行者　　井水　治博
　　　発行所　　日刊工業新聞社
　　　　　　　　〒103-8548　東京都中央区日本橋小網町14-1
　　　電　話　　書籍編集部　03（5644）7490
　　　　　　　　販売・管理部　03（5644）7410
　　　ＦＡＸ　　03（5644）7400
　　　振替口座　00190-2-186076
　　　ＵＲＬ　　http://pub.nikkan.co.jp/
　　　e-mail　　info@media.nikkan.co.jp
　　　印刷・製本　ティーケー出版印刷

落丁・乱丁本はお取り替えいたします。
2016 Printed in Japan
ISBN 978-4-526-07627-5

本書の無断複写は、著作権法上の例外を除き、禁じられています。